模型入门丛书
《航空模型》出品

U0623808

拼装飞机模型制作工艺

江 东 著

北京航空航天大学出版社
BEIHANG UNIVERSITY PRESS

内容简介

本书是一本有关拼装飞机模型制作工艺的精品图书，系统介绍了拼装飞机模型的分类、选择、组装、涂装、表面处理与做旧、特殊技巧以及展示保存等内容，并结合丰富详实的照片，对拼装飞机模型制作中用到的各种工艺技巧做了重点介绍。

本书适宜拼装飞机模型爱好者阅读，也可作为普通航空爱好者学习航空知识，了解航空史与飞机发展史的读本。

图书在版编目（CIP）数据

拼装飞机模型制作工艺／江东著. -- 北京：北京
航空航天大学出版社，2016.1（2020.8重印）
ISBN 978 - 7 - 5124 - 2029 - 8

Ⅰ. ①拼… Ⅱ. ①江… Ⅲ. ①航模—制作—普及读物
Ⅳ. ① V278 - 49

中国版本图书馆 CIP 数据核字（2016）第 005531 号

拼装飞机模型制作工艺
江 东 著
策　划　航空知识杂志社
策划编辑　宁　波
责任编辑　冯　颖
＊
北京航空航天大学出版社出版发行
北京市海淀区学院路 37 号〔邮编 100191〕　http：//www.buaapress.com.cn
发行部电话：(010) 82317024　传真：(010) 82328026
读者信箱：hkmxtg@sina.com　邮购电话：(010) 82316936
保定市正大印刷有限公司印装　各地书店经销
＊
开本：700×1 000　1/16　印张：17　字数：250 千字
2016 年 4 月第 1 版　2020 年 8 月第 2 次印
ISBN 978 - 7 - 5124 - 2029 - 8　定价：78.00 元

总 序

　　航空模型是在人类探索航空的过程中产生的。现代航空的先驱们几乎普遍采用了航空模型简易试验这一简便、安全、有效的方法，研究飞行理论，构思飞行器的方案。因此，航空模型可以看作是航空器的前身、雏形，是人类探索飞行的开路先锋。如今，航空模型已成为一项集科技、教育、体育、实践、科研、竞技等于一体的大众活动。

　　首先，航空模型活动是人们接触航空、学习研究航空的一个途径。特别是青少年学生，很容易在接触航空模型的过程中对航空产生兴趣，进而逐渐从兴趣和爱好上升到为航空事业献身的崇高理想和志愿。青少年参与航模活动，能亲身经历从构思、设计、制作到飞行的全过程，这种机会是通过其他活动难以获得的。

　　其次，通过开展航空模型活动，可以学习理论和实践相结合的工作方法。因为航模的设计、制作和放飞，必须应用航空各有关学科的理论知识来指导，才可能获得预期的飞行效果；而通过这些实践，又可以进一步加深对理论知识的理解。

　　再次，模型活动可以锻炼和提高手脑并用的能力。通过自己构思和设计出来的模型，必须亲自动手制作完成，并在放飞的过程中精心调整，才能实践飞行。

　　同时，航空模型还是一项竞技运动，有严格而完善的竞赛规则和创纪录条例。通过不断改进模型性能、提高飞行能力和技巧，有利于激发青少年的创新精神和进取精神以及为国争光的荣誉感和责任感。

　　这不仅对青少年学生的培养有着积极的作用，顺应了当前素质教育的要求，而且对航空专业的大专学生及专业人士，也大有裨益。许多优秀的飞行员、航空工程师、航空科学家就是从接触航空模型开始的。

　　长期以来，有关航空模型的相关图书非常稀缺，指导初学者的入门类图书更是凤毛麟角，其相对专业的知识领域成为阻挡各类出版机构涉足的一大障碍。

为此，航空知识杂志社旗下《航空模型》杂志利用 30 多年积累的大量作者及内容资源，将纷繁复杂的航空模型各领域按照不同项目、不同层次分门别类地梳理出几大方向，编纂出版了这套《模型入门丛书》，希望为不同知识与能力背景的中小学生、学校航模与科技辅导员、航模爱好者提供相应的指导与帮助。

本套图书共分 4 册，分别为《遥控模型滑翔机基础知识》《电动模型飞机动力系统配置》《模型窍门一点通》和《拼装飞机模型制作工艺》。其中前 3 本的内容为动态模型飞机，既有最流行的项目详解，又有电子动力设备的选型配置推荐，还有关于模型的经验技巧总结。最后一本的内容为静态飞机模型，是一本内容严谨详实的静态模型制作教程。

本套图书自 2014 年启动以来，在创作、策划、编辑出版及制作团队的共同努力以及航空知识杂志社、北京航空航天大学出版社、北京市科学技术委员会的大力支持下，终于按期出版上市。在此，要感谢北京市科学技术委员会，特别是项目主管肖健老师，全套图书正是在科委科普专项经费资助下才得以顺利出版。其次，感谢卢征、张宇雄、张进、江东等 4 位作者的辛勤创作以及对我们的信任，确保了全套图书得以高质量完成。再次，感谢航空知识杂志社科普期刊事业部领导、同事与北京航空航天大学出版社办公室、总编室、出版部、加工中心、营销中心、财务部、理工分社各位同仁，以及北京丰模世界模型店的大力支持与配合，使图书能如期上市。还要感谢俞敏、武瑾媛、邢强、张锦花、殷灿、张倩、谢步堃等人在项目申报、书稿整理等方面所做的繁杂工作。最后，感谢策划团队宁波、周好楠、李博翰及制作团队闫妍、罗星等人的辛勤付出。

《航空模型》编辑部
《模型入门丛书》策划团队

2015 年 12 月于 北京

前　言

　　拼装飞机模型属于静态模型中的一种，通常是某型真飞机按比例缩小注塑成形的成套塑料零件的总成。制作者需要用胶水对其一一进行组合、然后经过打磨，最后再进行涂装上色。拼装飞机模型要求制作者掌握一定的航空知识，对航空史、飞机发展史和飞机气动外形知识有一定的了解，最好还要具备一定的木工、油漆工、钣金工和美工方面的技能。拼装飞机模型的制作不仅仅是还原真飞机的外观，更重要的是加入自己的理解和创作。

　　全书共分为 8 个部分，分别从静态飞机模型的由来、分类和意义，模型的选择和前期准备，模型的零件处理和部件装配，模型的总装，模型的基本涂装作业，模型的表面效果处理和做旧，模型的其他特殊制作技巧，模型的展示、保养和拍摄等 8 个方面对拼装飞机模型的制作全过程直到保存展示等进行了全面系统的介绍，是一本不可多得的拼装飞机模型制作基本工艺精品图书。

CONTENTS 目录

1

静态飞机模型的由来、分类和意义

2

模型的选择和前期准备

3

······················· 模型的零件处理 ·······················
和部件装配

模型的总装

模型的基本涂装作业

模型的表面效果处理和做旧

模型的其他特殊制作技巧

模型的展示、保养和拍摄

1

静态飞机模型的
由来、分类和意义

（一）静态飞机模型的分类

模型从题材上可大致分为飞机、舰船、车辆、建筑、人偶等几大类；从表现形式上可分为单件作品和场景作品两大类；从结构形式上可分为可动与不可动（观赏型）两大类。本书讨论的范畴仅限于单件不可动模型中的飞机类。因为这类飞机模型通常只能作为静态展示，故大家习惯称之为像真飞机模型或静态飞机模型。

在静态飞机模型中，按照制作材料

图 1-1　国内模型老前辈制作的古典实体飞机模型

图 1-2　用木头全手工制作的空警 2000 预警机实体飞机模型

图 1-3　笔者早年用木头削成形的 EA-1E 预警机 1/50 实体飞机模型

图 1-4　用柚木制造的国产 C919 大客机实体飞机模型

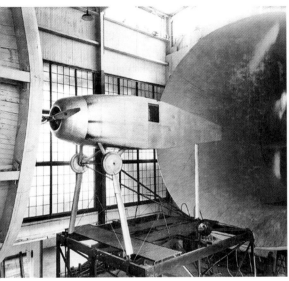

图1-5 1928年NACA利用1/1飞机木制模型进行发动机整流罩风洞试验

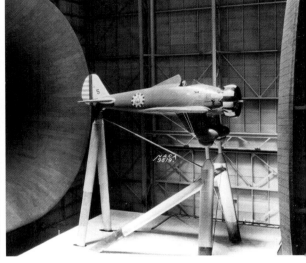

图1-6 用P-26战斗机1/1木制模型进行风洞试验

与制作工艺，可大致分为实体飞机模型和（塑胶）拼装飞机模型。前者泛指以木料为基本材料、纯手工加工制作的静态模型；后者则是近几十年才兴起并迅猛发展起来的，以塑胶注塑零件拼装而成的像真飞机模型。

实体飞机模型可以被视为拼装飞机模型的前身或根基。因为它是采用木料直接加工的，所以内部通常是实心的（相对拼装模型而言），故有"实体"一说（见图1-1~图1-4）。实体飞机模型历史悠久，大致与飞机同期问世。它最早用于真飞机的缩比展示，后来才成为大众的娱乐项目之一，是一种能还原和再现真实飞机风采的手工技巧与实践活动。也曾出现过和真飞机同样大小的实体模型，亦称"1/1大模型"（见图1-5、图1-6），它是国家或个人在研制飞机原型机之前供设计方、制造方和使用方进行早期结构协调和体验的形象化工具。

在实体飞机模型中，还有一种全部用金属制造的模型。它对几何形状的要求极为严苛，通常用于在真机研发过程中做气动布局探讨和选型试验（例如风洞试验，见图1-7～图1-9）。由此可见，实体飞机模型除了能娱乐大众外，还与飞机的研发有着密切联系。

实体飞机模型对制作者的工艺有很高、很全面的要求，且费时费工，在20世纪90年代后，较少有人尝试，现在大有被塑料拼装模型替代的趋势（见图1-10、图1-11）。

图1-7　ARJ21新支线客机金属像真模型在8 m×6 m风洞内做试验

图1-8　"飞豹"战斗轰炸机全金属风洞模型

图 1-9 欧洲某战斗机全金属实体模型在风洞中进行科研试验

图 1-10 制作实体飞机模型前要先做大量功课，所以比拼装模型更费工夫
（图为笔者在 20 世纪 80 年代加工模型时的案头照片）

图 1-11　笔者自制的米格 - 19 战斗机 1/50 木质实体模型，现在已很少有人制作实体模型了

实体飞机模型因重量较重，根本不可能飞行。于是近几十年来出现了一种既像真又可飞行的模型分支——动力像真模型飞机（见图 1-12~ 图 1-15），它在民众中越来越常见，并频频现身于各种竞赛及表演。为了飞行，这种模型采用空心结构以减重。因为它在用材和加工工艺上非常接近常规的竞技模型，只是在外观上尽量模仿某型真机，所以可视作一种新兴的模型分类。

图 1-12　动力像真模型的飞机外观酷似真机，且可以飞行

图 1-13　爱好者正在制作一架可飞的高像真歼 10 战斗机模型

图 1-14　动力像真模型飞机集会

图 1-15　用透明蒙皮减重的仿古动力模型，是像真机和可飞模型的"混血"

（二）拼装飞机模型的特点及发展历史

下面重点讨论静态飞机模型中的拼装飞机模型。爱好者在市场上直接购买心仪型号的拼装飞机模型，通常一盒只有一个型号，盒内提供按比例缩小并注塑成形的成套塑料零件。制作者需要用胶水将其逐一组合，然后打磨，最后上色。

与实体飞机模型相比，拼装飞机模型有省工、形准、外形像真度高的优点，而且制作者几乎不必担心模型外观与尺寸细节方面存在大的偏差，只需考虑后期制作阶段模型外观的装配精准度和色彩、色调的还原度。因此，拼装飞机模型对某些传统的纯手工技巧（如木工、金属钣金工）没有特别要求。

拼装飞机模型最早出现在 20 世纪 30 年代（见图 1-16），与现在唯一不同的是：因为塑料尚未普及，所以当时的套材由大致裁剪成形的木质零件组成。自 20 世纪 50 年代后，木质零件就都被塑料件替代了。

**图 1-16　具有 80 余年历史的上海翼风模型
店曾是实体模型迷和拼装模型迷心中的圣地**

国内外较著名的拼装飞机模型商有田宫、长谷川、小号手、爱德美、意大雷利、威龙、红星、富士美、牛魔王、AIRFIX、摩根（MONOGRAM）、PK、ESCI、利华（REVELL）等。

我国拼装飞机模型最早出现在 20 世纪 80 年代中期，当时均为进口产品。购买制作福万坦克模型、大连玩具厂的塔卡拉飞机模型和后来的环球拼装飞机模型，是许多"70 后"男生历久弥新的美好记忆。到 20 世纪 90 年代前期，国内拼装飞机模型制作活动一度达到高潮，模型商店和模型工厂的规模在这个时期得到发展，各地相继成立了形形色色的拼装飞机模型沙龙。进入 21 世纪后，青年人的爱好开始多样化，业余时间更加紧张，拼装飞机模型迷的队伍不可避免地出现了萎缩，但高质量的铁杆爱好者们依然坚持并发展着这项高品味的活动（见图 1-17~ 图 1-20）。

图 1-17　一些国产拼装飞机模型产品已经达到国际先进水平

图 1-18　在国际模型展上拼装模型套件吸引了爱好者们的目光

图 1-19　国际模型展上的拼装模型展柜

图 1-20　拼装飞机模型的竞赛与交流活动层出不穷

拼装飞机模型对缩比有严格的要求。中国、苏联等国家曾经采用公制比例，如 1/25、1/50、1/100、1/200 等。而西方国家一般采用英制比例，如 1/8、1/16、1/32、1/48、1/72、1/144 等。近 30 年，英制比例几乎垄断了拼装飞机模型的全行业。

一般而言，制作小比例模型相对省工省时，而大比例模型则比较费力，成本也要高一些。虽然大比例模型有利于充分表现细节，最终外观效果往往更好一些（见图 1-21、图 1-22 ），但在高手的手中，小比例模型同样可以做成精品。比例的选择只因个人喜好而异，与成品的最终制作效果并无直接关系。

图 1-21　这架福克 Dr1 模型采用 1/8 的比例，细节表现比较充分

图 1-22　这架大比例福克 *Dr1* 模型镂空的机翼结构令人印象深刻

　　飞机的用途往往是开发商决定模型比例的主要原因。考虑到模型的装配强度、个人展示与保存条件，一般大尺寸飞机（如轰炸机、运输机、客机、海上巡逻机）都采用中、小比例（如 1/48、1/72、1/144 等）；反之，小尺寸飞机（如战斗机、攻击机、教练机等）都采用大、中比例（如 1/16、1/32、1/48、1/72等）。当然也有例外。

对开发商而言，要生产大、中比例模型，首先要掌握该型真机的大量原始资料，否则必然影响到产品的精密度和像真度。而高像真度恰恰是生产和制作一切静态飞机模型的最高原则。

拼装飞机模型的开发选型几乎涵盖了各个历史阶段、各主要国家的所有知名飞机（含直升机等其他类型航空器）型号。对于一些著名机型，甚至出现了多个国家的多家厂商长期、反复进行开发的现象。同样，针对一些著名机型的各个改型，厂商也乐意不厌其烦地逐个开模并发行。例如某知名厂商就为 F4U"海盗"战斗机连续 开 发 出 F4U-1、F4U-1B、F4U-1C、F4U-1D、F4U-2、XF4U-3、F4U-4 等不同改型，以满足厂商竞争和消费者选型的双重需求。在林林总总的拼装模型中，战斗机和轰炸机的商品型号最丰富，民用飞机的可选购品种则要少很多，这和模型迷的爱好取向有很大关系。

拼装飞机模型的开发精度和厂商的技术团队总体水平息息相关。有些厂商因为长期出品低劣产品而遭到市场淘汰。模型精度大致体现在以下几个方面：

① 零部件及装配完成后和真实飞机的相似程度。

② 零件表面细节的再现程度。

③ 模型装配的误差程度（如对接错位误差）。

④ 脱模以后的变形程度。

⑤ 制作者组合的便捷程度（一般是指零件分类开模的合理性，不合理的开模会给组装带来麻烦）。

影响模型精度的客观因素包括：开发注塑模具的技术限制（见图 1-23）、厂商的总体技术水平、比例的限制、模

图 1-23　精密的模具使模型细节表现更丰富

具的使用次数与磨损程度、对机型背景资料的了解是否充分等。

近 10 年来，拼装飞机模型发烧友对自身技艺和模型像真度的要求越来越高。模型工厂为了满足市场需要，及时推出了一些价格不菲、效果突出的模型补品以增强模型细节、更好地还原模型细节的附加零件。因仍然采用塑料材料

已经没有提升像真度的余地，于是人们想到用树脂铸造的小零部件、薄金属制作的蚀刻片和用金属铸造的微小零件等（见图 1-24~ 图 1-27）来弥补以往飞机模型个别部位需要进一步展现细微处精密视觉效果而无法做到的缺憾（例如舰载机折叠翼的细微折叠机构）。补品的利用往往可以起到画龙点睛的作用，

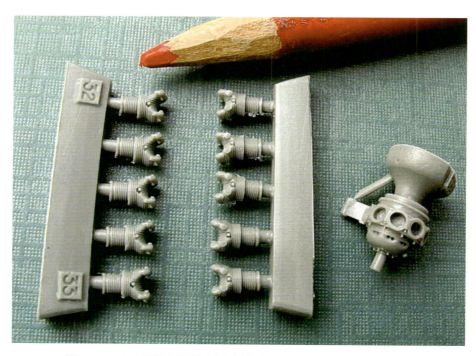

图 1-24 1/72 的活塞发动机树脂套材，其完成效果胜过塑料拼装模型

图 1-25　蚀刻片大大丰富了机身炸弹舱内部构造细节

图 1-26　树脂件和蚀刻片更好地展现了机舱内部的构造细节

图 1-27　机舱内部细节用树脂件表现效果更好

但通常需要另外购买（偶尔也会在模型套装中附带一二件）。

　　打开心仪的拼装飞机模型包装盒，里面应该包括以下几部分（见图 1-28）：

　　① 包装盒封面绘画（见图 1-29~图 1-31），往往用重金聘请资深航空画家精心创作，它不仅是制作者后期上色的参考物，也是当今不少航空画爱好者热衷的收藏品。

　　② 全套零件的注塑板件，按模型

图 1-28　拼装模型套材典型配置——封面绘画包装盒、零件板块、说明书和水贴

图 1-29　包装盒上精美的封面绘画已成为收藏新宠

图 1-30　完工的拼装飞机模型与其背后的包装盒相映成趣

的大小和规模，可以从一片到数片不等。

③ 组装说明书（含零件清单和涂色建议书，见图 1-32）。

④ 标志水贴。

极个别厂商还会在盒中装入少量模型补品，或个别易损零件备份，或一张印刷精美的飞机绘画，或几小瓶推荐采用的漆料，常令人惊喜连连。

由于新时代生活节奏快，人们的

图 1-31　拼装飞机模型完成品及其包装盒

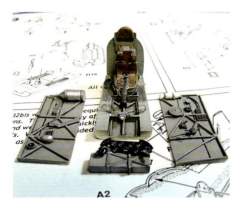

图 1-32　根据说明书指导制作模型

业余时间更加宝贵，因此个别厂商花费了一定精力将合金像真静态飞机模型的制作精度提高，制成成品模型出售（见图 1-33~ 图 1-35）。这种模型无需自行装配和上色，只要买回家即可放在案头观赏。虽然少了一些制作乐趣，表现精度也不及拼装飞机模型，但给"懒汉"模型收藏者提供了另外一种选择。

图 1-33　合金飞机像真模型完成效果

图 1-34　合金飞机像真模型完成效果

图 1-35　开封即得的合金飞机像真模型

（三）拼装飞机模型的作用

拼装飞机模型制作者需要掌握一定的航空知识，并对航空史、飞机发展史和飞机气动外形知识有一定了解，最好还能具备木工、油漆工、钣金工和美工方面的技能。作为拼装飞机模型制作的高手，甚至还要精通绘制飞机模型加工图的技巧，并熟知后期加工中飞机模型外观上色的规定与分寸拿捏。制作拼装飞机模型的过程不仅仅是还原出真飞机的外观，更重要的是加入自己的理解和创作。

爱好拼装飞机模型是一项健康、高尚的活动，对制作人有较高要求。在国外，它从不被认为是小儿科的玩意儿，而是被当作有品位、有文化的手艺活儿。爱好者的主力军是中老年人。因为静态飞机模型属于较珍贵、精致的工艺美术品，所以要求制作者具备一定的艺术修养和文化素养。有人说："制作者往往是航空迷中的手工艺师，亦是手工艺师中的飞机迷，二者缺一不可"。

通过制作拼装飞机模型，制作者可不断提升自身的科技知识素养、工程识图能力、综合加工工艺、雕刻技艺，以及绘画技艺等手工艺技巧和科学知识，加深对世界地理、军事史、军政和科技发展的了解，并大大提高独立思考能力，有效锻炼自身的意志力及耐心细致的工作作风。此外，还可以增加对航空历史、航空器分类、飞机设计和飞机构造特点的深入了解，进一步加深对航空事业的热爱。

拼装飞机模型具有较高的观赏性和视觉冲击力，是极富美感的工艺美术品，可将其直接用作航空学校的教具、飞行人员和防空人员的敌我识别器具、航空博物馆的形象化科普展品。

2

模型的选择
和前期准备

（一）选择模型的主要考虑因素

选择模型大致从以下几方面考虑：飞机的历史时期、国别、用途、型号以及厂商品牌、飞机知名度、模型制作目的、制作难度、模型风格、模型比例、套材价格、模型品质与开模水平、成品保存条件限制等。

1. 厂商品牌

日本的长谷川（HASEGAWA）模型公司一向以出品高水准静态拼装模型享誉四方，其超高的模具水准确保了产品的精准度，且便于生产。公司每年生产数百个畅销品种，以飞机模型为主。另外，长谷川公司还针对资深爱好者积极推出特别版本的新产品，例如某王牌座机模型、某类纪念涂装飞机模型、特殊飞机改型模型等。

日本的田宫（TAMIYA）模型公司也是世界顶尖的模型商，是模型爱好者钟爱的又一模型品牌。从像真拼装模型、遥控模型到教育套材，田宫公司出品了超过 600 种别具趣味的产品。其塑料模型以组合方便出名（见图 2-1），但在细节处理方面稍逊于长谷川公司。

如果爱好者选择了田宫或是长谷川公司生产的模型，则质量有保证，但价格偏贵。

意大利老牌模型厂商意大雷利（ITALERI）模型公司被称为小田宫。该公司成立于 20 世纪 60 年代，两位创建者从少年时代起就对第二次世界大战（以下简称二战）中亲眼所见的战机和军车充满了兴趣，共同的爱好成为他们推动精密模型制造技术发展的重要动力。意大雷利公司凭借其惊人的开发能力和服务热情，羽翼日渐丰满，产品系列不断丰富，最终成长为欧洲顶尖的模型制造商。意大雷利公司提供品种齐全的飞机、战车、军舰、直升机等众多系列模型产品。其几十年如一日的严谨作风充分体现在零件板件和说明书中，有助于爱好者准确再现实物原貌。

与世界其他著名模型公司相比，捷克的牛魔王公司比较年轻，但其产品凭借特有的高质量，在世界模型行业中占有重要地位。牛魔王公司利用丰富的资料储备、精良的设计和高超的生产工艺，侧重为全世界各大品牌塑料模型的升级改造提供相匹配的蚀刻片产品，以弥补塑料模型细节表现能力不足的缺陷。此

图 2-1 田宫公司生产的飞机模型零件组合度很好

外，牛魔王公司的世界经典飞机系列模型更是倍受各国爱好者的青睐。牛魔王公司拥有近 2 000 个产品品种，是蚀刻片产品领域中的行业翘楚。而其每月近 50 个新品的推出速度更强化了公司在市场中的地位。该公司的产品理念是："一切为了细节"。

国产机型模型迷或大比例模型爱好者可考虑选择购买中国小号手（HOBBYBOSS）公司的产品，它基本上以军事模型为主，小比例模型价格相对低廉，但大比例模型价格并不低于国外产品。随着开发水平的不断提升，在形状考证方面差强人意的现象得到极大改善。近年来，小号手公司更是致力于开发和推出一系列大比例高精度模型和国产飞机型号，对特定的模型迷群体具有相当的吸引力。

香港威龙（Dragon）公司的模型细节水平往往可以超过田宫公司（尤其是 1/35 的坦克）。威龙公司的产品零件数量多且组合度精良，价格也不高，其中小比例模型的总体评价高于小号手公司的产品。

日本富士美（FUJIMI）公司推出的"金刚"模型非常好，但飞机模型比较一般，且近年新品不多。

此外常见的厂商品牌还有爱德美（ACADEMY）、西西利（LEE）、利华（REVELL）、红星（ZVEZD）、摩根（MONOGRAM）、AMODEL、TESTOR、AM（ACCURATE）、天力（KINETIC）、MPM、KP 以及威骏（BRONCO）等。这些品牌的产品总体品质为中等，但偶有惊喜。例如红星公司推出的苏俄早期型号飞机模型，非常罕见。

总的来说，著名品牌的模型价格虽然略高，但拼装容易，零件契合度高，不需要过多打磨，且套件开发紧随航空工业发展的脚步（见图 2-2）。玩家可以根据自己的经济条件和对飞机型号的喜好进行选择。

图 2-2　模型厂商常以最快的速度开发出世界尖端军机模型套材

2. 飞机知名度

一部分模型迷虽然制作产量不高，但却十分注重机型的知名度。他们往往也是航空迷，喜欢按照自己的认知和偏好挑选飞机型号，甚至为了得到某个罕见型号的飞机模型而多年坚持寻觅。

3. 飞机的历史时期、国别、用途和型号

飞机问世至今已超百年，型号林林总总、数以万计，其中能给人留下记忆、功勋卓著的少说也有上千种。模型公司已将其中一部分开发成产品，并细分为不同的缩比比例。全部集齐既无可能也没必要。有些航空爱好者对航空发展史比较熟悉，集中精力锁定某个历史阶段来选择机型（见图2-3~图2-5）。也有人偏好收藏与制作某国飞机模型，譬如德国飞机。若您只想按飞机用途选择，

图2-3 为缅怀一段历史而选择的机型——抗战时期的中国空军"蚊"式轰炸机

图2-4 为纪念飞行黄金年代而制作的"圣·路易斯精神"号飞机模型

29

图 2-5　为缅怀抗战历史而选择的飞机型号——霍克Ⅲ

或者另有想法（见图 2-6），那就坚持
自己的思路吧。或许不久的将来，您
就可以在家里举办一个飞机模型专题
展览会了。

　　国内绝大多数模型爱好者偏爱选择
制作军用飞机模型，其中半数热衷于二
战时期的型号，尤其是德、英等国的名
机，而制作古典型号者甚少。当然，出
于爱国热情，每当中国有新机型问世，
其模型都会在第一时间得到国人的热捧

（见图 2-7）。

4. 制作难度

　　初学者不妨先选做一些小比例的现
代飞机练手，例如 1/72 的喷气教练机、
1/144 的喷气客机。在建立信心、积累
经验以后，再慢慢选择比例较大、结构
相对复杂的型号，比如 1/72 的喷气战
斗机、1/48 的活塞式轰炸机甚至 1/32
的第一次世界大战（以下简称一战）时
期的双翼飞机（见图 2-8）。

图 2-6　个别模型迷热衷于制作、收藏飞机发动机精密模型

图 2-7　长谷川公司新出品的歼 15 舰载战斗机模型

图 2-8　结构相对复杂的双翼飞机模型

5. 模型比例

虽然价格高的大比例模型有利于表现细节，但是小比例模型也可以做得神采奕奕（见图 2-9、图 2-10）。选择模型比例需要综合考虑制作难度、经济承受能力、个人偏好、保存空间限制等。

6. 模型品质和开模水平

模型品质和开模水平是模型制作老手比较关注的问题。随着制作水平的提高，制作者对模型品质和厂商的开模水平会越来越挑剔。使用高品质和上乘的开模水平的模型产品更容易做出优质成品，同时它们的价格也会水涨船高。

图 2-9　大比例模型的细节表现效果

图 2-10 小比例模型也可以做得很精致

（二）制作前应做的基本准备工作

1. 多了解航空知识

如果制作者对飞机内部构架、外部气动布局、动力装置的分类、飞机的武器装置都比较熟悉，那么就能迅速理解装配说明书，少走许多弯路，使制作过程更加得心应手，成品更加逼真。同时，通过模型制作实践，还能加深制作者对航空器细节与构造的了解。

建议平时多阅读相关杂志与书籍，积累拼装模型的基本制作技巧和航空基础知识。国内出版的专门图书有《外观航空模型》（《新世纪航空模型运动丛书》之一，航空工业出版社 2009 年发行）以及陈应明先生的多本模型论

著。国外关于拼装飞机模型的杂志和图书就更多了，通过网络能搜索到几乎无穷无尽的相关信息。

针对即将开工的模型，制作者要提前做功课，查阅飞机手册、搜索航空书刊、上网搜集资料都是不错的方式。飞机背景资料，尤其是实机照片、细节照片甚至精密图纸，都对做像一架缩比飞机模型大有裨益。而且搜索和整理背景资料的过程本身，也不失为一件非常有趣的事情。

2. 列一张工艺清单

虽然模型套材里配有制作流程说明书，但往往不尽合理。尤其是在需要添加细节和改造模型时，这份"呆板"的说明书实在是不合拍。建议从打开包装

盒开始，就按照自己的经验和要求，将全部制作流程在头脑中预演一遍，把整套工艺的顺序写下来，形成一份标有工序序号的全新工艺流程明细表，而且在实际制作过程中，还需要不断对其进行完善和修改。每完成一条工序就及时将它划去，避免重复或遗漏。

3. 确定制作风格和改造项目

制作者最好在制作前先根据经验和喜好预想出最终的表现效果，争取把一盒看似简单的套件做出惟妙惟肖、出神入化的感觉。要想做到这样的效果需要对做旧的力度、涂装色泽和色彩的把握，并对结构细节进行考证与添加改造，以及对最后陈列方式的考虑等，不同的制作者往往具有完全不一样的操作风格。

工欲善其事，必先利其器。在制作之前最重要的工作当然是准备各种工具及调配涂料。从零件剪切、内外打磨、胶合组装，到表面上色、做旧处理，模型的效果与制作者的经验和得心应手的工具密不可分。

常用的模型工具如图 2-11、图 2-12 所示。

图 2-11　分格盒子方便分类保存

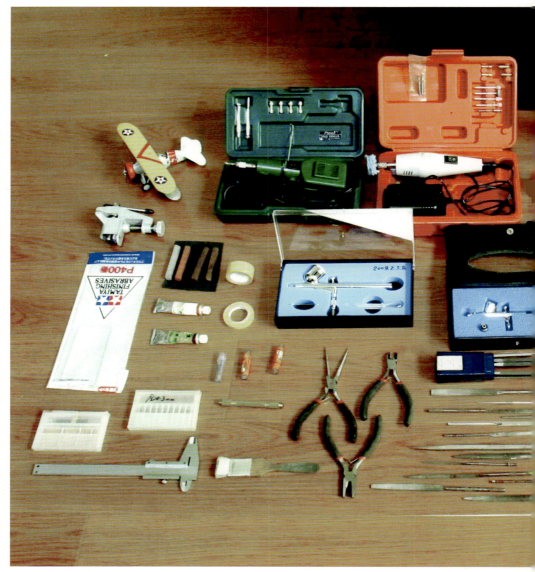

图 2-12　制作拼装模型的部分基础工具

（1）平口剪钳

没有经验的玩家往往直接用家用剪刀将小零件从零件板件上分离下来。这种鲁莽的做法不可取，因为剪刀的绞力会破坏切口附近零件表面的形状，形成一个可怕的凹形缺口，给后期修补带来不必要的麻烦。因此，选择平口剪钳更为合适。如果要精细切割细小零件，或是切割板件上连接冒口特别短的零件，那么也可以考虑使用笔刀（见图2-13）。

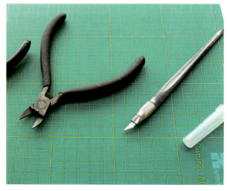

图 2-13 切割下料必备工具——平口剪钳和笔刀

（2）镊　子

拾取小零件、调整零件、把握方向、胶合组装两个以上小零件时，都要用到镊子（见图2-14）。镊子头部的形状既有笔直尖细的，也有弯折的。笔直尖细的镊子在拾取小零件和精细蚀刻片时很有用，而弯折的镊子可将零件送入曲折的空间。另外还有头部呈平铲状的扁形镊子，常用于从水中捞出脆弱的水贴薄膜。

（3）砂　纸

砂纸是基本打磨工具之一（见图2-15）。砂纸可以被裁剪弯折成任意形状，以任意角度进行操作，例如平

面、卷弧面、锐角切刀状。砂纸的粗细用数字表示：数字越小，砂粒越粗，磨削力度越大；数字越大，砂粒越细，磨削力度越小。规格从100~12000号都有，最常用的是800~5000号。可根据加工需要自行选择砂纸规格，通常按照从小到大的顺序进行打磨、抛光。另外，建议选用模型专用砂纸或海绵砂纸；不要用工业砂纸或木工砂纸。

（4）锉　刀

锉刀是粗打磨工具，其切削力度远高于砂纸，能快速去除余料、迅速改变零件几何形状（见图2-16）。锉刀有各种截面形状和大小规格。建议至少准

图 2-14　各种常用镊子

图 2-15　不同规格的砂纸

图 2-16　什锦锉刀

备几把 4~6 in（1 in=2.54 cm）长、不同形状的普通金属锉刀用于最初加工；另准备一套小巧的什锦锉刀用于相对细腻的锉修；最好再有一把铜丝刷子经常清理锉刀表面，以保持正常的切削力度。

（5）打磨棒（条）和打磨块

打磨棒是长条形的海绵棒，用于磨平齿口，一根打磨棒的两头和两端面可附有不同规格的砂纸。打磨块与打磨棒相似。打磨器是砂纸的附属工具，便于手持，能保证磨削面的平整，是打磨平面的利器。

（6）切割垫

切割垫是进行切割作业时保护桌子的一种塑料软垫。其表面印有各种刻度，便于裁剪零件时定位。常用的规格有 A3 和 A4，最大规格是 A2。

（7）胶　水

拼装模型制作需要用胶水，推荐使用郡仕（GUNZE）公司生产的模型专用胶水或田宫公司生产的黄盖胶。这些胶水不易腐蚀模型，且胶合速度快。田宫公司生产的绿盖溜缝胶可点在两片零件的拼缝上，依靠胶水的流动性自动充满胶合面。另外，田宫公司还有一种缓干型模型胶，为需要一点时间做微调的胶合操作提供了方便。

习惯使用 502 瞬干胶水的模型迷不少。这种胶水物美价廉，胶合强度大，但胶合速度非常快，不便于调整，要求操作熟练、一次到位。502 瞬干胶水固化后的硬度高于塑料，可胶合后进行再加工。胶合塑料还可以使用 101 水溶胶、801 胶、UHU 胶等。

（8）刀　具

刀具是制作模型必不可少的工具（见图 2-17、图 2-18）。最常用的刀具是美工刀，既方便又好使，可用于修边。笔刀可以灵活更换刀片，最适合用来切取板件上的零件。而专门的笔刀还有多种刀头形状、用途广泛，可用于刻线、加深凹槽、切割遮盖带、裁剪零件边缘、裁剪蚀刻片等。不少模型迷喜欢使用手术刀（一般药店有售），其刀头也可调换，优点是刀刃极其锋利，缺点是用力过猛容易折断。模型制作中还常常用到钩刀和刻针，专门用于加深蒙皮缝线，为后期渲染效果做准备（见图 2-19、图 2-20）。蚀刻锯片则用于锯出或刻出很窄的细缝细槽，特别是带弧度的部位（见图 2-21）。

图 2-17　美工刀

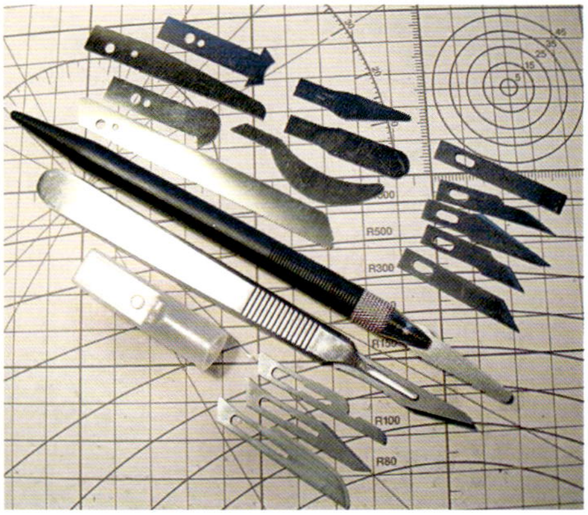

图 2-18　手术刀、笔刀及其刀片

▲　图 2-19　用于加深表面蒙皮缝线的钩刀和刻针

◀　图 2-20　蜡纸刻针、木刻雕刀也可充当模型刻线工具

▶　图 2-21　不同形状、带有锯齿刃口的蚀刻锯片

（9）补　土

补土以前称腻子，主要用来填补模型缝隙，是对模型表面局部加厚、通过后期打磨提高模型表面平整度与光洁度的一种软性填料（见图2-22、图2-23）。补土多采用与牙膏类似的包装。另外还有一种水补土，需要用溶剂稀释后再进行笔涂或喷涂，然后通过目视检查模型表面缺陷，并可用于填补表面细微划痕。水补土也有罐装的，可利用内部气压直接喷在模型表面。

图 2-22　牙膏包装的硝基腻子

图 2-23　上腻子用的各种刮刀

图 2-24 可用于模型制作的油画笔

模型补土基本都属于硝基类，使用香蕉水作为溶剂可大大缩短固化时间，固化后才能进行打磨。

（10）涂 笔

如果不用喷笔和气泵喷漆，则需购买几支不同规格的面相笔或油画笔（见图 2-24），以及几支钩线笔（见图 2-25），推荐使用樱花牌。上色笔的大小与形状各异，但以狼毫笔为首选。因为它有弹性，不易形成讨厌的笔痕。其实，即使玩喷涂也常用到毛笔，尤其是用于对细节部分的上色与干扫。

图 2-25 可用于模型制作的钩线笔

（11）调色皿

不要以为这是可有可无的东西，调色皿对漆的稀释和对颜色的调控有很大帮助。另外，在调配模型旧化用的涂料或油画颜料时，调色皿也是必备的容器（见图2-26）。

（12）遮盖带

顾名思义，遮盖带用于遮盖和保护涂色时（尤其是喷涂时）不希望被染色的区域，以及打磨时避免砂纸磨损已经精细加工过的表面。模型遮盖带通常以卷为单位出售，有不同的宽度规格（见图2-27）。推荐使用模型专用遮盖带，它单面含胶、黏度适中，且边缘非常平齐，经过裁剪后可按需要紧贴在模型表面，适用于实边迷彩的着色，如迷彩分割等。因为专用遮盖带黏度适中，所以完成任务后可轻松撕下，不留胶痕。买遮盖带不能贪图便宜，因为便宜的遮盖带（如房屋装修用品）颜料容易渗进去，

图 2-26 不锈钢调色皿

完成任务后也不易撕下，在夏天更容易留下胶痕。

另外还有一种遮盖液，可先用毛笔涂在模型表面，待其固化后再喷漆，等漆干燥后可轻松剥离，一般用于不规则复杂曲线迷彩的喷涂。

（13）钻具和钻头

钻具包括迷你电动钻具和手钻（见图2-28、图2-29）。电钻依靠电机旋转，手钻借助手指的旋转捻动。两者都可随

图 2-27　各种宽度的模型遮盖带

图 2-28　手钻和直径 0.2~3.0 mm 的钻头

图 2-29　微型电钻、手钻和钻头

意换装不同直径的钻头。应多准备一些不同直径（0.2~3.0 mm）的钻头作为备选。小直径钻头多用于加工蒙皮上的铆钉孔。

（14）电动磨头

电动磨头是模型专用的打磨工具，使用直流电。夹头上可换装不同形状的砂轮，如果换上金刚切割砂轮片，还可切割金属管。

（15）喷　笔

喷涂上色的效果通常优于手涂（手涂技巧需要长期锻炼，而且一般只适合军车模型）。喷涂需准备数支喷笔（见图 2-30）：一般喷涂（包括大面积作业）需要 0.3 mm 口径；喷迷彩和精细弯曲线条需要 0.2 mm 口径。新手可不急于备齐，先买一支单价一两百元的喷笔练练手。推荐购买可以通过推拉按钮控制出气量的双动式喷笔。

（16）气　泵

常见的配合喷笔使用的模型电动小气泵有 3 种：龟泵、大泵和优速达。

龟泵便宜、安静、小巧，但是气压较低，需要加大稀释比例，每次喷得很薄，多喷几次才能有不错的效果。

大泵气压足、出气量可调，但是使用时间短、噪声大、易发热、易出水，而且养护需要技巧。

常见的模型气泵品牌有彩绘、叶红、浩胜、优速达等。这些气泵的喷

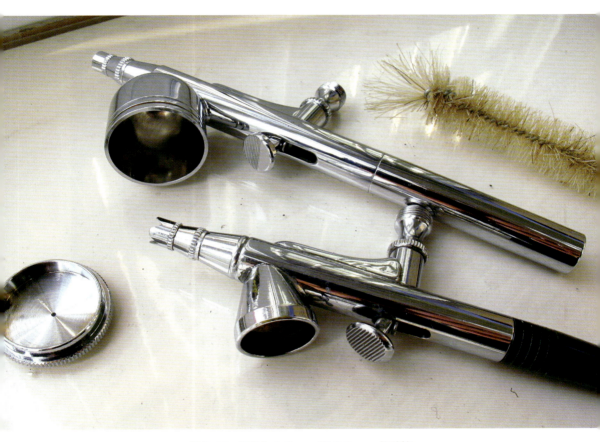

图 2-30 口径为 0.2 mm 和 0.3 mm 的喷笔

气量都够用，区别在于体积、做工和噪声。其中优速达气泵比大泵更安静、不出水，而且比龟泵出气量更大，比较好用。如果有条件，可以买郡仕公司生产的 L5 气泵，虽然贵得多，但性能更好，工作更稳定。

商家常常将喷笔与气泵配套出售，一般包括连接软管、气压表、滤水器，甚至过渡用的小储气罐（见图 2-31）。

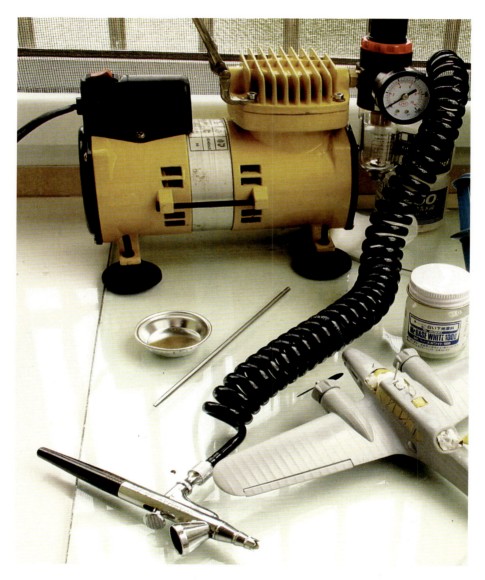

图 2-31　气泵和喷笔

（17）模型涂料

书刊上往往称模型涂料为油漆，虽然不准确，但已约定俗成。模型涂料大致分为水性漆和油性漆两大类。水性漆以纯净水或酒精为溶剂，油性漆以硝基类液体为溶剂（如香蕉水、天拿水等）。

大品牌模型涂料往往配套提供专门生产的溶剂（见图 2-32），与涂料的融合和挥发更好。一般来说，水性漆更环保。油性漆的溶剂挥发出的气体有毒性，需要注意通风并戴防毒口罩。

在涂料的发色性、附着性和颜色

图 2-32　模型油漆及其配套溶剂

种类丰富性方面，各家模型涂料生产商都已相当成熟。比较著名的涂料品牌有田宫、郡仕、盖亚以及西班牙的AV漆等。模型涂料用编号代表不同色种，同一个色种（如灰色）又被细分为不同深浅和色泽的系列，然后再进一步按光泽、半光泽和亚光分类（见图2-33、图2-34）。为模型上色时可以按规定直接选购喷涂，好处是避免了自行调配的麻烦和失误。笔者推荐

图 2-33　国际标准色谱（为保证其精准性，色谱上的色条是用颜料直接喷涂而非印刷的）

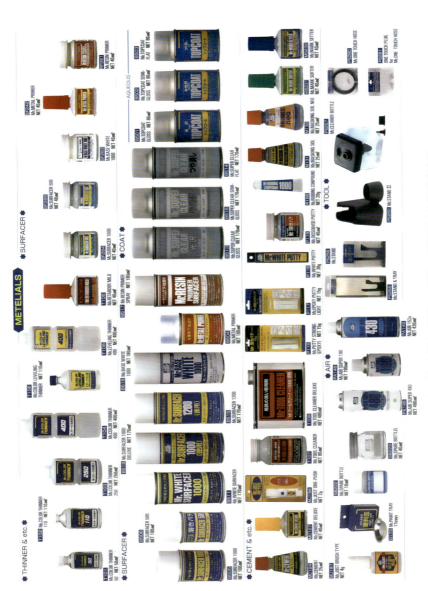

图 2-34　主要模型涂料品牌田宫、郡仕、仙盈和 AV 的代表产品

使用郡仕牌（硝基类）油性漆，其优点是色号丰富、颜料颗粒细腻、附着力强且耐磨、干燥速度快。

更简单的方法是直接购买单色的喷罐进行喷涂，但是可选色号很少，且不能二次调配，喷涂后效果比较生硬单调，容易失真。

（18）辅助材料

建议常备些辅助材料，如规格不一的金属缆绳、金属丝、金属片、塑料片、塑料棒、有机玻璃片、尼龙丝、金属管、塑料管、软铅丝等（见图2-35）。这些辅材可用于改造模型、追加细节（见图2-36、图2-37）。

图2-35　各种看似无用的改造辅助材料

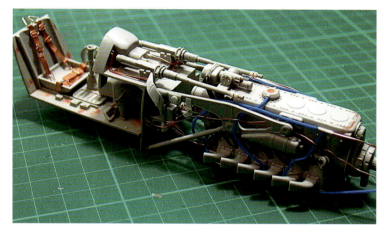

图 2-36　借助辅材所做的细节改造

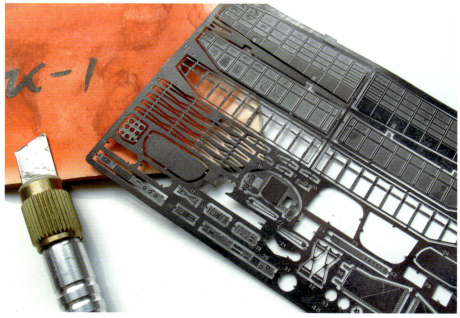

图 2-37　配套供应的蚀刻片用于追加模型的局部细节

3

模型的零件处理
和部件装配

（一）零件的处理

现在进入模型实际制作阶段。打开包装盒，首先按照说明书所附清单清点零件，如有缺失，应设法补充（见图3-1）。因为塑料零件（尤其是透明塑料零件）很脆，运输途中压碎开裂的情况并不少见。最好的补救方法是向模型商索取或补购。一些国外大厂商有此业务，不过要价偏高。玩家也可自行仿制，但比较麻烦。

有的玩家会特地向厂商采购一些零部件的补品（详见第七部分），例如不同比例、不同型号飞机模型的起落架、座舱盖、发动机尾喷管、导弹外挂等，以提升模型局部细节的逼真度。

在注塑过程中，成品板件或多或少沾上了脱模剂，虽然肉眼不易察觉，但会影响胶水胶合和上漆效果。为了去除脱模剂，建议将整片板件浸泡在以大比

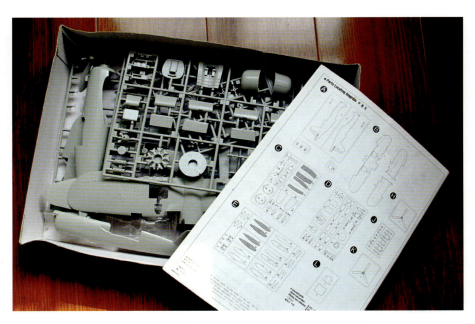

图 3-1　按说明书清单检查模型盒内零件是否齐备

例稀释过的洗涤液中（见图3-2），同时用软毛刷仔细洗刷，然后用清水冲洗，彻底去除洗涤剂成分后置阴凉处晾干备用。

　　套材图纸给出了常规制作流程，但玩家也可根据自身习惯和经验列出自己的加工流程表。套件图纸会对每片零件给出唯一编号，这个编号通常由前置的英文字母和后置的阿拉伯数字组成。前置的A、B、C、D……按板件排号，方便制作者找到零件所在板件；后置的阿拉伯数字是每个零件的具体序列号。例如，某飞机模型中的发动机由大小不同、形状各异的10个小零件组成，如果它们的位置都被安排在第3片板件上，则其编号依次为C1、C2、……、C10，按照编号很容易就能找到。

　　每片板件上铸有多个小零件，每一件都和周围的流道通过1～4个连接点相连接（见图3-3）。在工厂注塑时，

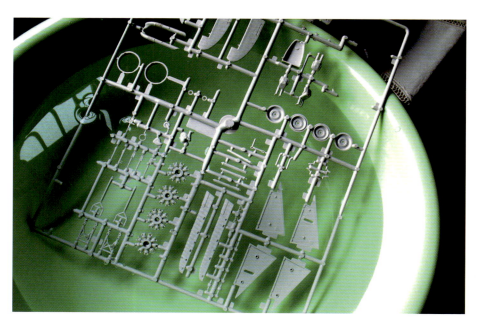

图3-2　将整片板件浸泡在稀释后的洗涤剂溶液内

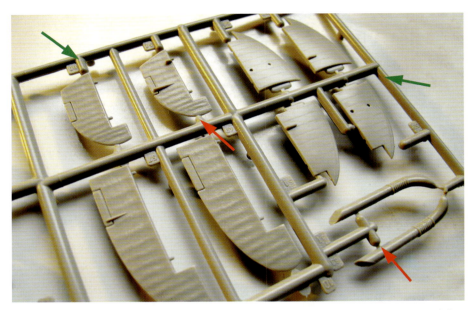

图 3-3　模型板件上的流道（图中绿箭头所示）和每个零件的点状连接（图中红箭头所示）

液态塑料在压力下经过流道充满整个模腔，成为形形色色的零件。

　　将零件剪切下来的过程称为下料。有些入门级玩家喜欢直接用家用剪刀下料，这是错误的。因为普通剪刀使用时有一个扭力，很可能在零件表面扭出一个不可挽回的凹坑，给后期修补带来不少麻烦。正确的操作方法是：用专门的模型剪钳（推荐使用田宫 TA74045）将零件剪下。操作时，剪钳平坦的那一侧必须面向零件，且刃口距零件边缘

1~2 mm。这样可以保留一小段点状连接点，避免对零件光滑边缘造成损害（见图 3-4）。

　　透明件的下料方法和普通零件差不多，但因透明件的材质硬又脆，所以要特别小心（见图 3-5），以免划伤或开裂。剪钳或笔刀的刃口至少距离零件边缘2 mm，或选择使用蚀刻锯下料。剪口毛刺要慢慢打薄，直至锉修平整。

　　需要注意的是，微小零件在下料时特别容易飞弹到地面，很难找回来。建

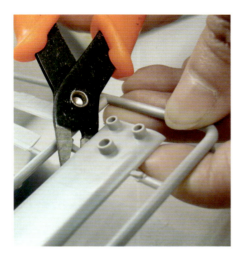

图 3-5　透明件很脆，落刀下料时需小心

议事先用小块胶纸粘住微小零件，再下剪钳，就保险多了。剪下的微小零件最好及时放入玻璃瓶或小木盒内分类保存（见图 3-6）。

图 3-4　剪钳刃口平坦的一侧要面向零件，且刃口与零件保持 1~2 mm 的距离

图 3-6　分类保存零部件，避免微小零件丢失

剪微小零件时，最好将相连的那段流道一起剪下，平放在桌面上，再用锋利的刀片切断零件和流道间的连接点。如果在下料时直接剪断连接点，则很可能损坏尺寸原本就细小的零件。当然，也可将流道保留到上漆完成以后，这样可将其作为持握微小零件的着力点，大大方便了操作，也可避免微小零件"溜走"（见图3-7）。

普通零件遗留的连接点、毛刺和注塑毛边都需清除干净（见图3-8、图3-9）。它们的存在既破坏零件形状，又影响组合。一般的操作顺序应该是：切刀→锉刀→砂纸。毛刺和飞边可先用笔刀切去大部分，但切忌一刀到底，手下要留"余"，然后把收尾工作交给锉刀（见图3-10）和砂纸。只要操作细致，就能使零件边缘恢复光滑平整的正确形状。如果初期加工马马虎虎，则必然造成模型后期伤痕累累。

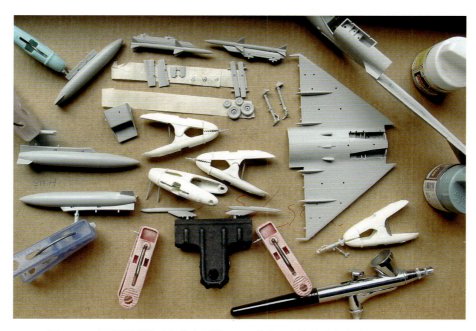

图3-7　对于需要单独喷色的小零件，可用小夹子夹持住残余流道，以方便喷涂

图 3-8　下料时遗留的连接点需要去除　　　　图 3-9　在假组（预组装）前先修掉毛边

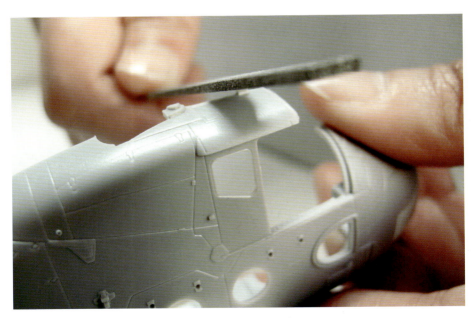

图 3-10　用锉刀修整零件毛口

用美工刀或笔刀修整时可采用刮的手法（见图 3-11），刮到剪口大致平整。直接用刀削毛刺时刀刃容易扎入零件。因为刮的方法容易磨损刀刃，所以用可更换刀片的笔刀比较合适。笔刀的主要用途是精细修整微小毛边和切割胶带、胶板等。田宫牌 TA74040 笔刀用起来就很顺手，国产笔刀可选的也不少，且比较便宜。有的模友还备有可换刀片的手术刀（医药器材商店有售），其特点是刀刃异常锋利，但刀片容易崩断，不适合于大刀阔斧的切削。

通常配备的锉刀包括一小套什锦锉以及几把锉齿较粗的平板锉、半圆锉、圆锉和三角锉等。较粗的锉刀用于前期去除明显凸出的多余物，如明显毛刺、大面积多余厚度。什锦锉用于精细操作，如细微毛刺、特殊角度内边的轮廓修正。使用锉刀时要注意力度和方向。锉削弧面时，锉刀要在前后移动的同时顺势做撬动动作（有点像跷跷板的运动），以免在弧面上留下多个"小平台"。

图 3-11　用利刃垂直刮削修平对合缝

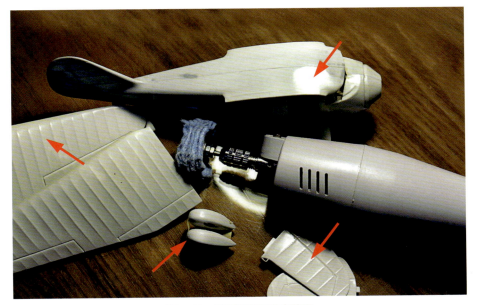

图 3-12　旧百洁布的抛光效果

零件表面难免有少许瑕疵，需要打磨才能光洁平滑。在需要改变零部件局部形状时，或用腻子进行填补后，都需要打磨。砂纸是非常好用且切削力相对温和的打磨工具，可根据打磨余量和材料硬度选择不同号数的砂纸。在打磨的最后阶段，砂纸主要用于提高表面光滑度而非改变形状。

注意不要一开始就反复用细目砂纸对模型表面进行打磨，这不但浪费精力、去不掉余量，而且容易破坏表面形状，例如可能将一个面的边缘磨出不应有的坡度来。正确的方法是先用粗砂纸大胆去除余量，再用细目砂纸消除粗砂纸遗留的划痕，逐渐提高表面光洁度。具体细节的把握还需依靠经验的积累。

在打磨的最后阶段可以使用家用旧百洁布或海绵砂纸进行抛光。为提高效率，笔者将五六层百洁布裁剪后叠加在一起，用长螺栓紧固，然后装在电钻上，即可很便捷地将模型表面抛到光亮（见图 3-12）。

（二）模型的组装

拼装飞机模型的组装顺序通常是：座舱单独组合（包括细节的添加、提前上色和必要的做旧处理）→发动机本体单独组合（同上）→起落架单独组合（同上）→机翼上下部分对准、胶接（尾翼操作也是如此）→机身左右部分对准、胶接（注意同时放入座舱、发动机等部件）→全机总装（装入武器、起落架、座舱盖等零部件）。

1. 组合座舱部分

军用战术飞机模型的座舱细节相对丰富，而且可通过透明座舱盖进行展示，是制作中的一个重点。客机和轰炸机的座舱内部构件大多隐没在驾驶舱风挡玻璃后面，制作时适当处理即可。

飞机座舱内部涂色是有规律的，依不同国家、不同年代而异。例如，二战时期美国陆军航空军部队（简称美陆航，美国空军的前身）飞机座舱内部色近似于联邦色谱 FS.34151 号，呈中性黄绿色调（见图 3-13），与"草绿"、"秋香绿"近似。模友可直接购买相应编号的模型漆使用（如编号 C27 的郡仕半光泽油性漆）。

以战术飞机模型座舱为例，一个完整的模型座舱至少应包括仪表盘、两舱

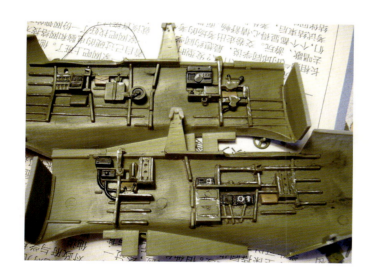

图 3-13　二战时期美陆航飞机座舱内部色

一杆操控系统、座椅、左右舱壁和附近开关手柄等细小构件。模型套材会按照比例和精度等级提供以上配件。如果配件件数和细腻程度不能满足需求，而制作者又掌握了足够的资料，也可充分发挥技艺（而非想象力），为座舱添加细节。添加的原则是忠实于历史照片和图纸。既可购买配套的现成改造套件（见图3-14），如市售相应比例和型号的蚀刻片或树脂件，也可自己利用零碎材料进行制作（见图3-15），这个过程具有画龙点睛之效。模型制作的精髓就是提高像真度，同时遵循两大原则：尽量再现实物的几何形状和风采，尽量提高细节的表达程度。

图3-14　借助蚀刻片改造套件使座舱更精细逼真（上为战斗机，下为轰炸机）

图3-15　用漆包线为机舱设备增添细节

2. 组合发动机本体

　　飞机发动机主要分为活塞式发动机和喷气式发动机两大类。因为发动机装在动力舱内，所以需要提前做好以备用。气冷式活塞发动机的前方暴露面积大，需要全部上色。喷气发动机大多仅露出尾喷管，至少要将这部分上好色。也有模友比较考究，将发动机全部上色。

　　发动机主体的基本色是钢色。最简

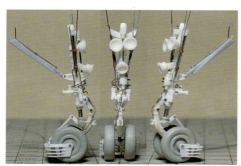 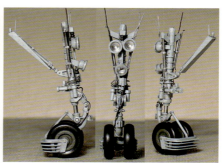

图 3-16　添加起落架细节（上色前）　　图 3-17　添加起落架细节（上色后）

单的做法是直接涂上"铁烧色"（如编号 28 的郡仕油性漆），但发烧友不可能满足于如此单调的涂装。仔细观察实物发动机可以发现，因各部分材料不同，颜色也不同，而且各个表面折射出不一样的色调和光泽。尤其是喷气发动机的不锈钢尾喷管，因高温烧烤而表现出极其丰富的迷幻色彩，交织出现银蓝、红棕、墨黑、橙黄、金黄或瓦灰等色彩，

这些都需要仔细把握和还原。

活塞式和喷气式发动机的表面实际上分布有形形色色的附件与管道。模型套件给出的细节通常很少，最好根据技术资料自行添加。

3. 组合起落架

飞机起落架和起落架舱同样有很多细节可以添加（见图 3-16 ～ 图 3-18），如液压软管、着陆灯、辅助支柱、气瓶等。

图 3-18　起落架收纳舱内部添加的管道细节

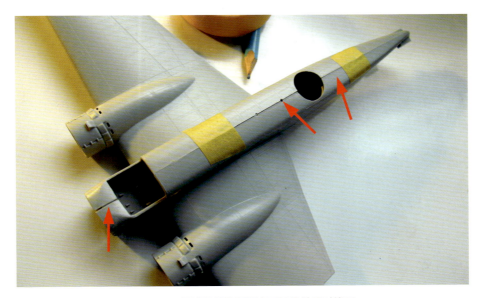

图 3-19　通过假组发现配合面缺陷并及时修正

甚至有模友用镀铬的粗针管换下塑料原件，以表现缓冲支柱中那一段锃亮的活塞柱。橡胶轮胎涂亚光黑漆，建议加入少许灰白色，使其更接近真实的橡胶色。

4. 组合机翼

　　首先需要进行假组（即预组装），也就是先不用胶水，把零件暂时拼合到一起，观察组合效果。通过假组可预先判断装配面的配合度，很容易判断出哪里需要锉修打磨（见图 3-19）。

　　模型零件的对合面通常有凹凸相扣的定位榫（见图 3-20）。例如在机翼的

上、下胶合面上，如果上爿铸出几个小孔，则下爿必然铸出几个小凸柱，拼合

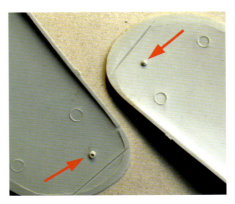

图 3-20　待拼合零件铸有定位榫，一凹一凸

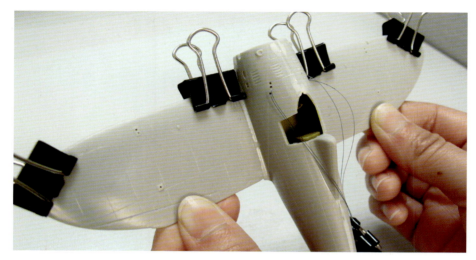

图 3-21　对胶合部分周围均匀施压

时正好咬合，避免外轮廓产生明显偏移，方便了上胶后的快速装配。偶尔也有定位榫铸偏的情况，一般在假组时就能发现，应果断将其切除并修平，然后靠手

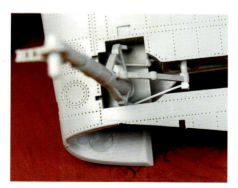

图 3-22　起落架安装销要在胶合机翼前装入

眼配合进行涂胶拼合、避免错位。

如果部件尺寸很大，胶合后可用多个夹子对其均匀施压，直到胶水完全固化（见图 3-21）。需要提醒的是，机翼内部的一些零件需要在上、下爿胶合时一起固定到机翼夹层内（见图 3-22），如机关枪、空速管、弹匣等。

5. 组合机身

组合机身与组合机翼类似。同样需要提醒的是，机身内部的一些零部件（如座舱、发动机、弹匣、飞机附件、后机舱等）应在机身左、右爿胶合前就先行固定在机舱内（见图 3-23、图 3-24）。

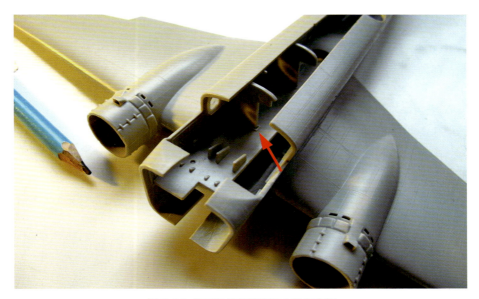

图 3-23 将飞机座舱提前装入机身内部

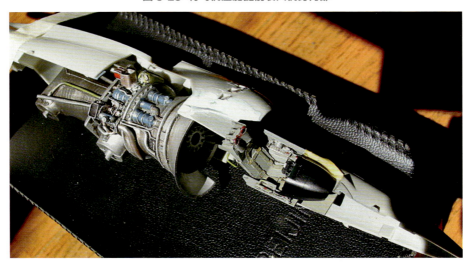

图 3-24 可将整体座舱和发动机先粘在机身某个半爿上

这些部件都需要提前上色做旧，一旦装入机身内部，再进行这些操作就麻烦了。

二战前的飞机很可能需要安装多根张线，张线一端需事先埋在机翼或机身的内壁（见图3-25），若在总装结束后再挖孔安装就太困难了。

采用前三点式起落架的近现代飞机模型与真机的内部构造、重量分布完全不同，很可能出现头轻尾重、飞机翘头的尴尬状态。为预防这种情况，需要在组合机身前在机头内部事先埋入大比重的配重（见图3-26），如铅块、钢珠甚至橡皮泥等。

对于客机或带后舱的大飞机（如海上巡逻机），其后舱两侧的舷窗玻璃零件也应在机身合拢前就粘在机身内壁上（见图3-27）。

一些大比例（1/32~1/24）飞机

图 3-25　在翼身内部预埋张线

模型机身材料厚度并不比小比例模型大很多，也就是说部件结合面只有一条细细的边，胶合后很可能因不堪重负而发生胶缝开裂等无可挽回的情况。建议在结合面附近、机舱内壁等部位多粘几片塑料加强片。

在零件内壁表面有时会有注塑遗留的圆形推出孔（见图3-28），这是将注塑成形的零件从模具上推离时留下的痕迹。如果它在模型完工后仍将裸露在外，就必须提前铲除并打磨平整。还有一些

图 3-26　提前将配重（铜螺母）固定于机头内部

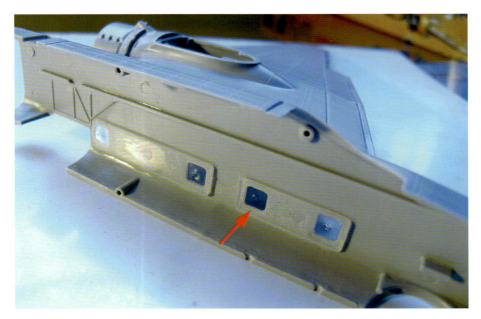

图 3-27　将玻璃舷窗零件预先粘于机身内壁

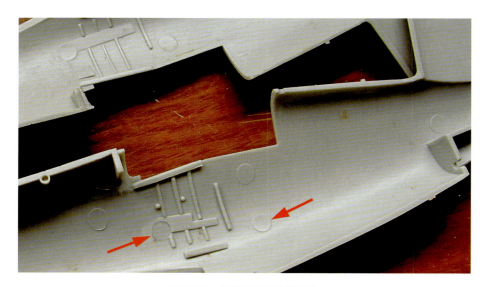

图 3-28　注塑时遗留的推出孔

工艺小孔也需预先贯通，事先要考虑周全，将其钻好（见图 3-29）。

接下来介绍胶水的种类及涂抹方法。用于粘接塑料模型的胶水通常是融合型的。其原理是溶化塑料表面，使零件接合面相互充分融合，待胶水挥发干燥后，接合面就牢固地合为一体。因而，胶水用量要适当，谨防过多，以免破坏模型表面美观。

胶水可分为普通胶水（如田宫橙盖 TA87012）和流动性好的溜缝胶（如田宫绿盖 TA87038，缓干型）。溜缝胶，顾名思义就是胶水点入后会很快流遍整个接合面的缝隙，适用于较大的胶合面。

粘接金属蚀刻片和树脂模型只能用强力胶，例如田宫的 CA 胶 TA87037、安特固、502 胶等。使用时同样要注意适量，否则会破坏美观。建议可先倒出一些胶水，用牙签或刀尖蘸着用（见图 3-30）。另外，这些胶还可用于修补小的缝隙或空洞，相当于先堆出一块"硬肉"，再进行必要的磨削。

粘透明件要用不起白雾的胶水，田

图 3-29 粘接对合零件前，应预先钻好小孔。图中
箭头所示为机翼下火箭弹发射架的安装定位孔位置

宫的溜缝胶和田宫 CA 胶都很好，还可以用廉价的白乳胶。挥发性气体会在透明件表面留下难看的白色雾气，很难消除。另外，粘透明件时不要把胶弄到零件表面，否则也很难消除。

由于模具的原因，模型胶合部位或多或少会留有细微缝隙。这种情况多见于大部件，如机身接合面。处理方法是：再次溜少许田宫 CA 胶，待胶干透，用笔刀把接缝刮平，再用由粗到细的不同规格砂纸依次打磨，直到看不见接缝。

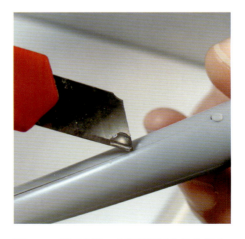

图 3-30 用刀尖挑一些溜缝胶滴入胶合缝中

如果接缝过大，就要用补土填补后再打磨平整。这种情况常发生在机翼与机身的连接处（翼根附近）、平尾与机身的连接处。

塑料模型最常用到的补土是与牙膏包装类似的管装补土。这种包装为即开即用，不会令多余的补土因变干而报废。补土不仅能用于填补明显的缝隙，也适于在模型表面"堆高"。例如某曲面厚度不足，可进行适当的增补，俗称"堆肉"。常见的补土品牌有田宫、郡仕和意大雷利，其性能和价位都差不多。用专用刮刀或牙签取少量补土，涂抹到要填补的位置，尽量用力将其塞入空隙内，并在外表面保留一定的高度余量，以预防缩水。等补土干燥后再进一步打磨（见图3-31、图3-32）。目前的补土多为硝基补土，用香蕉水作为溶剂，一般需要等待一二天，这样待其彻底干透后硬度才够高，打磨效果才会好。

除了以上几种补土，还有一种环氧型AB塑形补土（如田宫AB补土）。这种补土经过糅合后暂时是柔软的，可以捏成任意形状用于对模型零件进行大尺度的修补和再造型。另外，还有一种补土——瓶装水补土，将在第四部分介绍。

预制飞机座舱时要注意，主要构件不可漏缺，包括驾驶杆、脚蹬、座椅、仪表板、两侧手柄开关、操作箱等。部分老式飞机的驾驶舱侧壁、飞机的隔框与长桁条都是裸露的，上面挂有气瓶、管道、摇臂、软管等。这些都应尽量制作加以表现。座舱内部器材颜色各异，既要有所区别，又不可过于艳丽，以免

图 3-31　机身、机翼连接处出现的缝隙需要用补土填补，可用遮盖带预先保护周边，防止二次打磨造成擦伤

图 3-32 部件合拢后的胶合缝隙需要锉修、嵌补土，并进一步打磨

造成失真或视觉唐突。上色之后适当进行做旧，可使之更加逼真（见图 3-33）。

座舱仪表盘一般呈黑灰色，也有蓝、绿等其他颜色（见图 3-34）。机电仪表均呈圆盘形，表面为黑色或白色，可做出刻度和指针的感觉。如果最后用银漆干扫一下仪表盘边缘，就更有立体感了。

现代飞机多用液晶综合显示器，需要仔细体会，做出液晶的感觉来。小比例模型的仪表盘允许神似，但大比例模型的仪表盘就必须细致表现了。飞机仪

图 3-33 组装前为机舱内上色做旧

图 3-34　仪表盘的色彩不可过于艳丽,尽量参考实机照片

表盘的实物照片不难找,可以为进一步制作提供事实依据。

　　通常要为飞行员座椅添加几条安全带,但模型套材一般不提供,需要另外购买。好在近十年来,蚀刻片厂商提供了各个年代、各个国家、各种比例甚至各型飞机的安全带补品(用于增加模型细节另购的精密小零件俗称补品,参见图 3-35),为添加改造提供了便利。也可用遮盖带自行裁剪制作(见图 3-36),并用细金属丝做出搭扣。

图 3-35　用蚀刻片表现飞行员安全带

发动机的加工与座舱的加工有异曲同工之处，但其结构往往更丰富（见图 3-37 ）。很多模友不厌其烦地为它添加管道、附件等小构件，同样有画龙点睛的效果。但前提是要有实物依据，不可随心所欲，否则就犯了静态像真模型制作的大忌！

对活塞式发动机，套材几乎都不提供汽缸周围复杂的连杆和管线，可利用直径各异的漆包线、不锈钢细丝、塑料拉丝甚至电气保险（铅）丝自制（见图 3-38 ）。

图 3-36 用遮盖带自制的飞行员安全带更有帆布质感

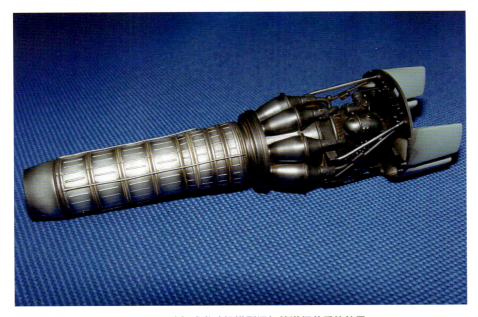

图 3-37 喷气式发动机模型添加管道细节后的效果

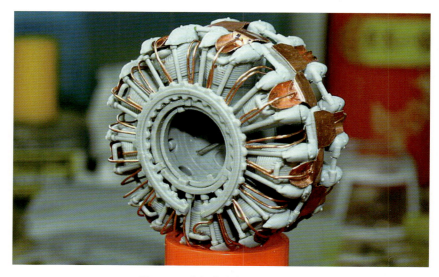

图 3-38　为活塞式发动机添加细节

其中铅丝造型方便，可塑性强，喷色后效果不错。对于喷气式发动机，套材提供的细节通常也少得可怜，需要适当增加一些细节（见图 3-39）。好在喷气式发动机按型号搜索其外形图片很容易，可为再加工提供很大帮助。其实，细节再加工是一种相当有趣的体验，令人乐此不疲。

真机表面的铝蒙皮一般用铆钉安装在骨架上，蒙皮之间有细细的接缝。如何在模型上表现这些细节呢？以前的模型套材常用凸起的线条模拟蒙皮的接缝，且很少做出铆钉。近十年来出品的模型套材改用凹细线模拟蒙皮接缝，且大比例模型也开始用一排排的小凹孔模拟铆钉。

如果模型蒙皮接缝用凸线表现，则应对其进行改造——先将零件上原有的凸线磨平，再在原位刻出凹线，这个工程极其费力！用凹线表现的优点是在渍洗后可将深色颜料嵌入其中，视觉效果更好。

刻线用的专门工具有刻针和钩刀（见图 3-40、图 3-41）。刻针容易拐弯，

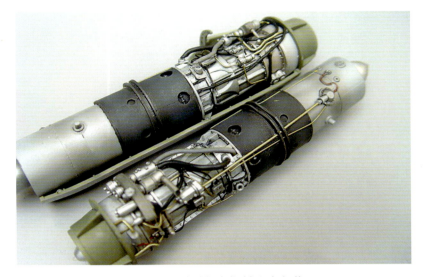

图 3-39　为喷气式发动机添加细节

图 3-40　用模型钩刀加深蒙皮线深度，刀体要与模型表面保持垂直

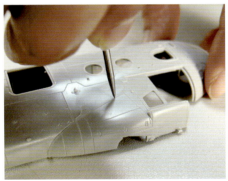

图 3-41　用刻针加深蒙皮线深度，针体要与模型表面保持垂直

钩刀容易刻深。它们的硬度足以维持一定的使用寿命。常用的刻线方法有两种：

第一种是先在凸线及附近表面涂抹深色模型漆，待漆干透后，再用砂纸打磨至近乎平整，这时凸线呈现为浅色线条，可以此为蓝本重新刻线；第二种方法是直接沿原凸线刻出与之平行的凹线，再磨平原有凸线。

刻线需要经过练习，新手极易刻偏，出现两条难看的线条。应尽量保持工具和模型表面垂直。一般需要划几下才能完成一条线，第一刀用力一定要轻，重点是准确地刻出走向，然后以此为基础逐渐加深。线条的深度和宽度要适合模型的比例，刻得过分就太夸张了。另外，同一个模型的刻线宽度与深度必须保持一致。最好能做足功课，将模型没有提供的主要蒙皮接缝（例如检查口盖、维护门、加油口等）也刻画出来，这就叫加线。

为保证刻线笔直，可用专用的刻线厚胶带或钢皮卷尺做"靠山"，避免刀痕滑出基线。还可用蚀刻模板（见图3-42），上面留有各种尺寸的矩形孔、椭圆孔和曲率引导槽，且模板很薄、容易弯曲，能辅助刻出不同的几何线条（如拐弯、曲线或小舱门）。也有用电工胶带临时贴在模型表面引导刻线的，这种方法尤其适用于弯曲的表面（如圆柱形机身表面与飞机纵轴相垂直

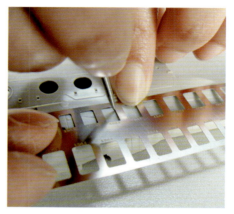

图 3-42　蚀刻模板为加刻各种口盖小舱门提供了便利

的一条条蒙皮接缝）。还有带曲率的蚀刻锯也是在复杂表面刻线的利器（见图3-43）。不论是刻针、钩刀或是蚀刻锯片，拉出线槽后都会留下塑料残屑，需要及时用砂纸和百洁布去毛刺，然后用牙刷刷去缝隙中的全部碎屑。

老式飞机多采用突出的半圆铆钉，后来改用减阻埋头铆钉。作为模型，为生动体现这些细微之处，常用的方法是在模型表面打一系列小孔。按照模型比例大小，一般在 0.1~0.2 mm 范围内选择直径。经过渍洗后，深色颜料被嵌入微孔内，模型的铆钉效果就会很生动地凸显出来。

模拟铆钉的微孔用相应直径的钻头钻出。一般用手钻夹住钻头，手工打孔，因小电钻相对笨重、操作不便，容易出错（见图3-44）。为使铆钉模拟孔排成直线且间距合适，可借助直尺或某种定距规。定距规像一片可转动的带齿圆铁片，可在模型蒙皮缝两侧留下需要打孔的定位痕迹。打孔后同样需要用砂纸和百洁布去除毛刺。

当零件（未经任何组合处理的单一物件）和部件（两件或两件以上的零件组合为一体）都单独处理好以后，就可进入全机总装阶段。

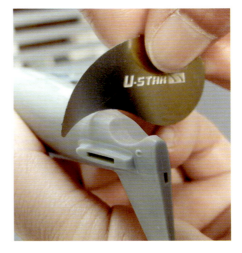

图 3-43　机身合拢并打磨后，圆弧部位缺失的蒙皮凹线可用蚀刻锯片按原有痕迹重新刻出

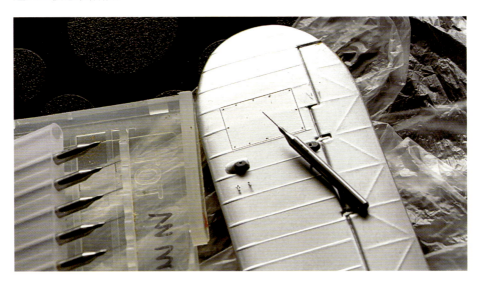

图 3-44　一般用打小孔的方式模拟飞机铆钉

模型的总装

（一）总装要点

在模型全部零件清理干净，如机身、机翼等大部件初步组装完成后，就进入了模型的总装阶段（见图 4-1）。

在拼装类模型里，最难制作的当属飞机模型。这是因为相对于战车、舰船、民用车辆而言，飞机模型需要极高的几何精确度。同时，在其总装过程中，需要安排更多工序，要求制作者严格掌控模型整体的平衡度、对称度、垂直度、牢固度以及色彩还原度等。

1. 平衡度

平衡度是指物理意义上的首尾与横向平衡，不得造成视觉上或几何学上的不平衡感。对色彩与色泽而言，同样也有整体美学平衡等要求。

2. 对称度

对称度是指保证飞机左右两侧各种部件和外挂物的轴对称分布（特殊布局

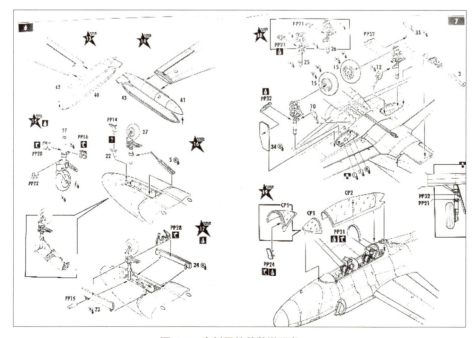

图 4-1 套材里的总装说明书

图 4-2　拼装模型中，飞机与船舶车辆相比，更加注重对平衡度与对称度的控制

除外）（见图 4-2、图 4-3）。

3. 垂直度

　　垂直度就是在装配中和装配完成后，从正面看，飞机模型的立轴不出现明显歪斜，小零件和部件之间的相互粘接与安装，保持相对或绝对垂直。例如，不论机翼有没有上反角，在安装上翼面的翼刀时，它都应同时垂直于水平面或机翼的理论横轴。

图 4-3　对称的飞机模型展现出极致的视觉美感

4. 牢固度

牢固度是指完工后模型应达到最低的整体牢固程度（见图 4-4）。飞机模型与其他交通工具模型不同，制作完成后，结构承力强度相对较弱，容易因受撞击而散架，或因胶合点过小，导致胶水的实际胶合牢度差等。这都需要制作者在不影响观瞻的前提下，设法从模型内部予以加强。例如大比例飞机模型，为求外形逼真，按照比例生产出的起落架支柱安装点会因金属配重而显得细弱；其机身左右两爿结合面并未因尺寸变大而加宽，仍然是一圈细细的胶合条。这就需要我们考虑从模型内部以某种方式的结构补强，防止后期开裂。而这在其他类型的拼装模型上都不需过多考虑。

5. 色彩还原度

色彩还原度包括颜色的种类、光泽、分布、交界与重叠方式、旧化效果和像真程度等。这个问题颇为复杂，却充满艺术性与个性化。

图 4-4　拼装飞机模型需要考虑各部件支撑强度和连接牢固度

（二）顺序规划

拼装飞机模型的总装顺序有一个常规法则，下面以战斗机为例进行说明。第一，将机翼粘上机身。机翼上已粘好如翼刀、襟翼、武器挂架等微小零件，机身内部包含之前完工的座舱个体。第二，将尾翼粘上机身。尾翼通常只含平尾，因为垂尾大都与机身在一片板子上铸出。第三，将发动机粘上机身。活塞发动机安装在机首，喷气式发动机安装于机尾，后者或许已在机身"部装"阶段就已经装入其后段内部。第四，为发动机本体粘上整流罩（限于活塞式发动机）。第五，对上述模型主体进行主色的喷涂。第六，将起落架等事先完成喷

图 4-5　遇到复杂结构要充分权衡后安排好安装顺序，说明书不会面面俱到

涂作业的系统部件粘在机身或机翼的相应位置。最后，将完成涂装作业的外挂武器粘于机翼或机身下部。另外，还应将天线、皮托管、着舰钩、螺旋桨、开启状态的小舱门等外部细小零件粘上机翼或机身（见图4-5、图4-6）。

图 4-6　许多细小零件，需要喷漆做旧后再逐一装上模型

　　如果发动机位于机翼，总装顺序同上。不同之处仅是需将发动机粘在机翼上，主起落架则粘到机翼或发动机短舱下方（见图4-7、图4-8）。

　　对飞机模型而言，总装工艺往往复杂许多，而且工序会因飞机型号的不同而各异。与近现代飞机的主要差异在于，老式飞机多为双翼布局，两翼间有支架，翼面则由一系列绳索连接。因为上层机翼往往是"坐"在腾空而起、相对脆弱

的两套N形支架的几个小支点上，所以相对而言，装配方法和瞬间保持其相对于飞机其他部件的对称度和平衡度，直至安装的零件完全达到牢固，存在一定技术难度（见图4-9、图4-10）。同样，安装张线的工艺也很复杂，而且每人都有不同的操作习惯和选材偏好，不是一两句可以说清楚的。裸露且简陋的老式座舱或许会使人觉得对风挡玻璃和驾驶舱内构的加工可以省一点力，但总

图 4-7　如果顺序颠倒，在总装还没开始前就把许多小部件粘好，会给后面的操作带来许多麻烦

图 4-8　大比例模型的仪表盘索性用带厚度的零件做出立体感，但必须在总装前就完成

图 4-9　老式飞机繁杂又脆弱的结构（博物馆实物）

体而言，制作老式飞机模型不管是对高手还是菜鸟，永远都是一个挑战。此外，比较难做的模型还包括老式水上飞机、大比例多发飞机、形状怪异的 20 世纪 20 年代罕见机型和 1910 年之前的古典飞行器等。

　　因此，建议新手先从制作小比例现代战机入手，在取得经验以后再逐步体验制作其他模型的乐趣。

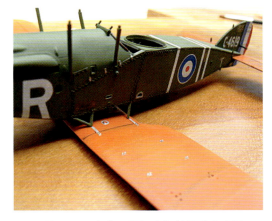

图 4-10　古典双翼机大部件的胶合面通常只是个点，更需要控制牢固度和对称度

（三）需要注意的几个问题

1.涂　胶

除了前面提及的几个"度"的把握以外，点涂胶水也不可马虎。新手往往怕粘不牢导致胶水使用偏多，却将模型弄得很脏，需要后期反复打磨。现今可以很方便地买到模型专用的胶水，其瓶盖上的小刷子方便刷胶。由于大多数胶水干得特别快，因此一旦在合拢面上涂完胶水，就要眼明手快地将两只零件准

确无误地合为一体，并持续施加压力，令其完美贴合，达到最佳胶合效果。

模型专用胶水大致有溜缝胶和普通胶两大类（见图 4-11）。

以田宫胶水产品为例，绿盖的是溜缝胶（带尖头刷子），白盖的是普通胶（带平头刷子）。这两种胶使用效果都好，尤其是绿盖的溜缝胶，刷头效果佳，可反复多次使用而不黏结。

（1）绿盖溜缝胶的使用方法

先将要粘接的模型零部件假组，

图 4-11　部分塑料拼装模型专用胶水

不要捏得太紧，然后把胶点在留出缝隙的地方，此胶就会像水一样顺着缝隙自动流动开来。如果胶量不够，还可再往缝隙上方点一下胶，即以"点胶"方式处理。之后稍用力按实两只零部件，十几秒钟后就可松手了。如果发现还有缝隙没有胶合，就再点些胶上去，再次按实，允许补操作。一些不方便用手拿取的微小零件的粘接操作，完全可以先假组合成一体，再稍点一点胶水即可。

（2）白盖普通胶的使用方法

使用白盖普通胶粘接时不需要假组模型。先将此胶薄薄地涂在模型零部件的结合面上，组合后按住压实，数秒即可干固。

另外，田宫出品的 87012 橙盖胶水，性质与白盖 87003 一样，只是在用量方面有所不同。

上述几种胶水对金属件、树脂件、橡胶件或纸质模型无效，只能用来粘ABS 塑料类的零部件。

以上模型专用胶不粘手，但若不慎弄到眼睛里，必须马上用大量清水冲洗。另外注意，在使用完毕之后应随手盖紧瓶盖，防止胶水挥发。

如果直接使用廉价的 502 等瞬干胶，则动作一定要利索。502 胶的黏度极强，万一手指和塑料件碰在一起，动作稍慢就很难分开，所以很容易受伤（低龄同学不宜使用。万一粘住，切不可硬撕生剥，应将手指和模型一起泡进热水里，伺机慢慢分开）。502 瞬干胶的一大好处是可以牢固地胶合金属件、树脂件、橡胶件，但对纸张和尼龙无效。

在对小尺寸的结合面使用 502 时，建议先将胶水滴在玻璃板上，再用尖刀挑起一点，涂在模型上。注意：对那些已涂过 502 胶水但又重新开裂的胶合面，直接再次涂胶往往失效，需要把遗留的 502 胶水堆积物锉除干净才行。

对于刚刚涂刷了胶水的模型部件，需要对其施加少许压力，以保证胶合质量。小零件直接用双手手指捏紧即可，大面积部件则需借助几个小夹子。对于空心部件（如机翼），因为压力过大会造成模型的变形或破损，所以需要小心操作。

有些需要保证强大胶合力度的部件，可以做二次补胶。有些部位建议先用上述瞬干胶将其初步胶合为一体，在彻底干固后，再从容地用胶水从内部进行大片的堆胶补强作业（例如大比例大尺寸机身胶好后，从内部沿着原胶水接缝再次涂刷环氧树脂类胶甚至百得胶，厚度可适当堆厚，以形成非常坚固的补强效应。但这样的需求比较少见。

需要在胶合过程中不断微调彼此位置的复杂零件，应选用那些干固时间稍长的胶水，不适宜使用瞬干胶。

胶水将零部件胶牢以后，还需要耐心地等待一段时间，才可进入下一步操作，这是因为胶水达到最佳牢固度需要时间。使用普通模型瞬干胶需要等待一天，使用非瞬干胶需要等待两天。

接下来的工序是将胶水接缝溢出的胶块痕迹锉削掉，然后修整接缝到平滑状态。前提是不改变模型的原有几何形状，如机翼前缘要保持原来的前缘半径，切不可锉出平台来。

2. 补 土

如果发生以下两种情况，就需要嵌入补土做进一步修整：

① 胶水接缝存在空隙；

② 经过锉修，几何形状被损坏。

补土是专门用来填补模型夹缝的一种有机树脂，种类有许多。一般模友较常用的是田宫牌补土，也有人用502胶拌爽身粉用于大范围填补。当然最好还是用正规补土。

嵌入补土要借助于刮刀或刮片予以加压，以便将补土填满凹处的各个角落，使它完全充满模型表面或缝隙（见图4-12）。待其彻底干固变硬后，方可用砂纸打磨修形。因为补土的成分中含有可溶解塑料的溶剂，所以接触到模型表面时不易脱落。但由于其中的溶剂会挥发，待它完全干燥硬化后体积要缩小一点，因此填补土时应稍堆高些，以满足后面打磨修形的需要。有的书刊上说硝基类补土彻底干固变硬需要三四天，但一般来说四五个小时后就可试着打磨。

打磨时先用锉刀锉去高出的部分，并注意要顺着弧度运刀。当锉得差不多

图 4-12　刮压补土将胶合面拼缝填平

时再换砂纸打磨。这一过程要反复进行数次，才能达到要求。通常先用 400 号砂纸，再用 600 号、800 号。使用 800 号以上的砂纸时最好蘸一点水来打磨，这样表面会更光滑。

补土也可用于对模型表面明显凹陷区或大面积划伤受损区的修补。先进行补土的多次堆砌性涂抹，再将其打磨至所需的几何形状（见图 4-13、图 4-14）。

3. 刻线与铆钉孔

在使用补土的同时，通常也会填掉模型套材原有的蒙皮凹线，可在补土将

干未干时用笔刀或牙签刻回凹线。但一般来说，推荐在彻底干透硬化后再补线。因为补土硬度远不及塑料，所以容易崩裂、效果不佳。建议在需要补刻的地方另外点上 502 胶水后再下刀，这是因为只有干透后的 502 胶水，其硬度才能够保证刻线走向准确，且线条清晰（见图 4-15）。

这里要重申的是，尽管主要部件的蒙皮接缝在总装前已经通过刻线进行了再加工，但总装后，一些胶合面附近的刻线特别是经过多次打磨后的胶合面或

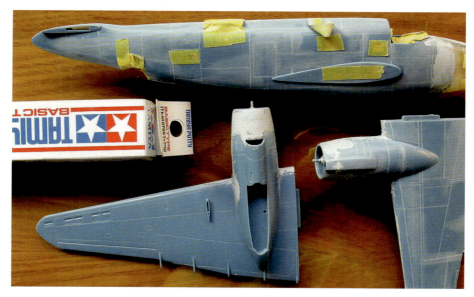

图 4-13　补土也可以几经堆砌，大幅度改变模型的几何形状

图 4-14　补土后模型表面需要重新打磨

图 4-15　用 502 胶填补的拼装缝隙更经得起打磨和刻线

许会受损断缺，所以二次补刻作业很有必要。况且有时当两爿零件对合后，蒙皮缝线不一定正好对齐，也需要进行过渡性的补刻。机身外部等圆弧处（如机身的顶部与腹部）的对合面补刻，推荐采用蚀刻片一类的锯片。因为此类锯片本身很薄、锯齿锋利，有利于还原凹线（见图 4-16、图 3-43）。

飞机模型表面的主要舱门或维护舱门盖都要用线条表现，同样需要刻出凹

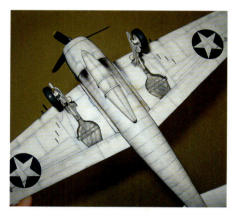

图 4-16 机身合拢后，经过大量打磨但忘记补刻受损的腹部蒙皮线而留下遗憾

线强化表现力。而对于套材上未铸出的小门（矩形或椭圆形），也可以按照资料适当补刻出来。为了保证形状工整，

建议购买蚀刻片里的镂空刻线样板，使刻针在运针时能有一个形状上的依靠，刻出中规中矩的形状。

如前文所述，如果在飞机模型表面扎出一排排铆钉孔，可以让渍洗后的视觉效果更加出彩，如果套材没有提供，就需自行补上。为了方便拿捏，往往将钻铆钉孔安排在总装前，但总装后还需对胶合面附近进行检查或补刻（见图 4-17）。

钻铆钉孔通常用直径为 0.1~0.2 mm 的钻头并采用手钻加工，为保持孔距可使用专用齿轮工具按压出位置痕迹（见图 4-18）。

图 4-17 模型迷所谓的"开模太肉"，是指零部件边缘轮毂不平滑、刻线过宽过浅、细节表现不力

图 4-18 用手钻打出模仿铆钉的小孔

4. 张 线

对总装而言，最具挑战性的是制作一架构造繁杂、连接点单薄、零件多、上色遮盖烦琐、安装程序复杂的20世纪30年代以前的老爷飞机模型（见图4-19）。而这其中最麻烦的是安装张线。张线是那个年代的飞机为加强上下层机翼强度和保证气动受力正常传递的一种细条状金属或钢缆辅助构件。张线直径在数毫米到十几毫米之间，以

钢材为主，截面多为圆形，也有扁椭圆流线形（见图4-20、图4-21）。

1/48比例模型上的张线直径换算后为0.1 ~ 0.2 mm；1/72比例的为0.06 ~ 0.12 mm；以此类推。模友通常采用的张线直径为0.06 ~ 0.1 mm。一般模型套材只会敷衍了事地提供一团棉丝线，根本不堪使用。而模友选用的张线材料真可谓五花八门，如细漆包线、细不锈钢丝、尼龙（钓鱼）线、人的头

图4-19　20世纪30年代以前的飞机模型，安装张线和支柱很考验制作者的技术

图 4-20　如果要做一架一战时期的战机，就得做好拉张线的心理准备

图 4-21　一战时期战机身上的拉线错综复杂

发以及塑料模型流道经加热后拉成的细丝等。它们的可粘接度、热胀冷缩变形量、表面像真度和安装时的拉拽要求都不相同。张线既要容易抽紧，使之呈绷直状，又要容易粘上塑料模型和涂色，并且须保持一定的强度和形状耐久度。目前最常用的是尼龙线，细漆包线和流道拉丝次之。

　　模型张线的安装方法因模型的分模结构、真飞机结构形式以及个人加工习惯而异。常规方法是把线头顺着翼间支柱的某个端头绕一两圈，然后趁绷紧的当口点上瞬干胶直至干固，最后用利刃切去多余的线头。也可以在机翼相应的位置预先钻好微孔，将线的一头完全贯穿过去，在孔洞内滴入瞬干胶至

干固，然后在机翼的外侧一面用利刃切去多余线头，并嵌进补土打磨平滑，甚至进行补漆（不至于影响外观）（见图4-22）。或者在机翼零件的上下层尚未胶合为一体时，在靠近张线的那爿机翼零件的内腔表面，将线头从微孔中穿进抽紧、折弯、紧贴在内腔表面，用瞬干胶乃至环氧胶先将多余线头胶死，最后再胶合机翼的上下爿（见图4-23）。这样的操作可令模型外部干净美观，仅对胶合翼的上下爿有些要求（如溢胶不可太明显），有时要打磨机翼的胶合缝。也有的模友借助于特定的小附件（工具）来固定张线的两头。它们可以是带小环的微型搭袢，也可以是带小孔的微型蚀刻片，甚至只是个钢丝钩。

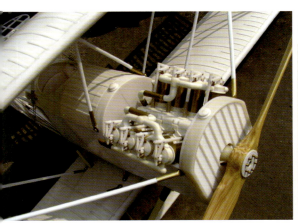

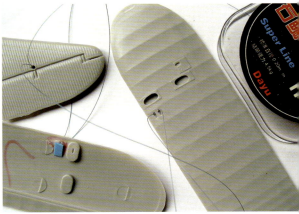

图 4-22　小金属件可以作为张线的固定点

图 4-23　在靠近张线的那爿机翼零件的内腔表面，将线头从微孔中穿进、抽紧、折弯并紧贴在内腔表面，用瞬干胶或环氧胶先后将多余线头胶死，最后再合拢并胶死机翼的上下两爿

但不论形状如何，小孔、小环都只用于缠绕线头，而它另一端的小尾巴则需要塞进机翼或机身规定位置的预钻孔内，并用瞬干胶胶死（见图 4-24）。为了能够抽紧张线，通常是先粘好带小孔的小零件，再穿线抽紧点胶（见图 4-25~图 4-31）。如果直接用流道拉丝做张线，那问题就简单多了。因为都是塑料，所以只要拉紧它，直接用瞬干胶将其两端粘牢在模型相应位置上，并切去多余线头即可。只是在火焰上方拉出许多根直径一致的细塑料丝并非易事。

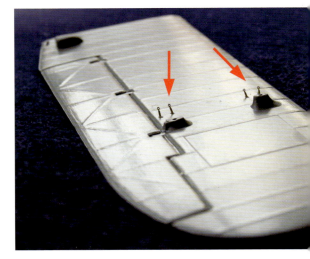

图 4-24　安装张线的微型蚀刻片

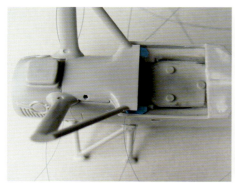

图 4-25 穿进机身的张线被塑料片压住以防反弹，并点胶固定

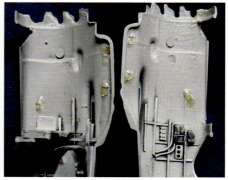

图 4-26 张线专用微型蚀刻片的小尾巴已预埋在 P-12E 模型机身内腔壁上

图 4-27 P-12E 战斗机模型的张线全部抽紧固定后的状态

图 4-28　古典飞机走向繁杂的张线须事先规划好固定方式，提前埋设在机身与机翼的内腔，待后期才能一一抽紧相连

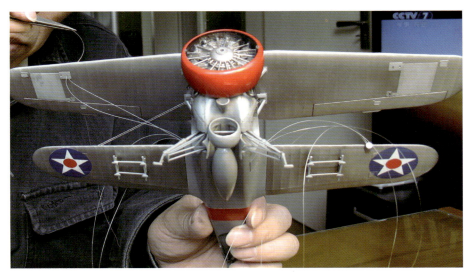

图 4-29　张线从小孔中贯穿

图 4-30　拉紧的张线

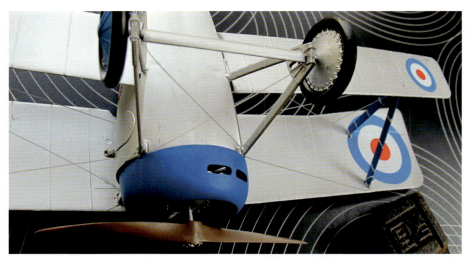

图 4-31　常规方法是让线头顺着翼间支柱的某个端头
绕一两圈，然后趁绷紧的当口点上瞬干胶直至干固

5. 特殊零件处理

同样，对于一些细小却比较锐利的零件，如果条件允许，可以用金属件替换原有的塑料零件（见图 4-32），比如空速管、起落架的作动筒、刀状外部天线、裸露在外的小管道等。替代金属件既可以是另外配套购买的蚀刻件或金属套件，也可利用废旧材料自制，比如医用针管、薄铜片、薄塑料片、金属管等（见图 4-33~ 图 4-35）。

图 4-32 用退火的铜片替换塑料喷口粗拙的栅叶，改造前后效果明显

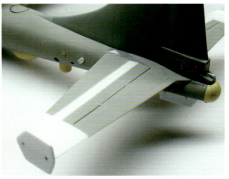

图 4-33 自行改装飞机用途时，往往需要插入塑料板（白色）改变零件形状

图 4-34 发烧友将图 -4 轰炸机改造为我国的空警 1 号，并用自己开发的树脂零件将活塞式发动机变为涡桨发动机

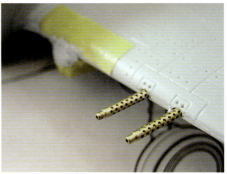

图 4-35 金属炮管可不是轻易能够配得到的补品

6. 内部零件装配

前面提到，只有到了总装时刻才能将制作完成的座舱与发动机塞进机身（或发动机短舱）内部，经适当修正使之相互匹配，无移动、无缝隙，然后点胶定位（见图4-36、图4-37）。座舱和发动机是已完成上色、做旧的小型成品，为了在后期加工中不至遭到破坏，需要暂时用遮盖带小心地将它们保护起来。有时为了展现模型丰富的内构细节，除了将内部零件预先装好，还要对

机体蒙皮或口盖进行适当的裸露切开处理（见图4-38~图4-40）。

图4-36 提前装入毛坯状态机身内部的发动机在树脂件和蚀刻片的帮助下，可以做得非常出彩

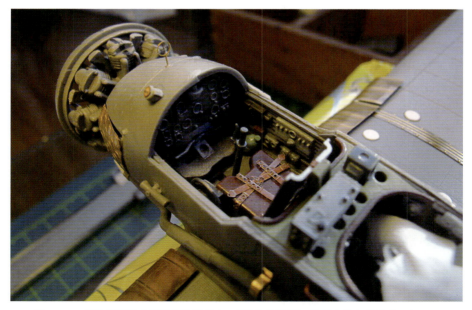

图4-37 单独做好的座舱已经装进机身，需要加以保护，而机身外部尚未真正加工

图 4-38　舰载机机翼折叠机构做出以后，为模型添色不少

图 4-39　对"内构暴露狂"而言，要事先筹划好打开的位置

图 4-40　如果想让内构尽量展示出来，就需要多考证，多加细节，并在组装时留出裸露的内腔

7. 表面处理

总装完毕后，建议依次用最细腻的砂纸和家用旧百洁布反复打磨模型表面，使之更加光滑（见图4-41）。

在此期间，要检查模型表面是否还存在细微凹陷、接缝痕迹、表面划伤等缺陷，可采用以下方法：

① 对着台灯，从侧面眯眼逆光观察，同时不停地滚动模型。

② 用棉团蘸少量高浓度酒精、快速抹过模型表面，趁酒精尚未挥发从侧面逆光进行观察。

③ 喷涂水补土。因其是液体状的，故需用溶剂稀释后利用喷笔均匀地喷在模型表面（和喷漆时涂料的稀稠程度差不多）。它呈浅灰或白色、无光泽，干透后非常容易发现种种缺陷，甚至是均匀的渐变性凹陷（见图4-42~图4-44）。

喷好水补土以后，必须等待一天的时间再继续修补。

水补土还有另外三个用处：

① 可以顺带将模型表面最细小的瑕疵（如砂纸痕迹）填平。

② 为喷漆打底，通常选用郡仕水补土。水补土分多个标号，标号越低，

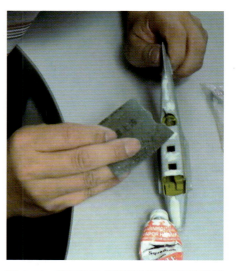

图4-41　用百洁布或海绵砂纸反复打磨抛光部件表面

颗粒越粗，标号越高则颗粒越细。模型表面情况越差，选用标号越低。随着打磨后表面光洁度的提高，再选用标号较高的水补土。

③ 便于检查模型表面的打磨质量。

以郡仕1000号为例，利用喷笔喷涂水补土时，稀释比例约为1∶3，浓稠度和牛奶差不多即可。喷水补土千万不要一次求好，一般每次喷一面、每次最多来回扫两次，待干透后再喷涂下一次。一般喷过4次就能完全遮盖住塑料的底色（特别是深色的模型板件）。

市售的还有喷罐式水补土，稀稠度事先已经调好，摇匀后直接喷涂即可。

除以上几种补土外，还有一种特殊补土，即环氧型 AB 塑形补土。它的两种材料在使用前经充分混合，可以捏成所需的形状，类似儿童玩的橡皮泥。这种补土可用于对模型零部件进行较大程度的修补（俗称"堆肉"），甚至能塑造出一个你想要的零件（或利用阴模复制零件）。常见的产品是田宫出品的 AB 补土。

全部打磨好以后，因静电等原因，模型表面往往会布满灰尘和塑料粉末，需彻底吹去或洗去。有些模型迷不重视清洁工作，等到喷色后因模型表面粘满尘埃而无法消除时才后悔莫及。

图 4-42   喷水补土是为了让肉眼更容易发现模型表面尚存的不平整以及划痕等瑕疵

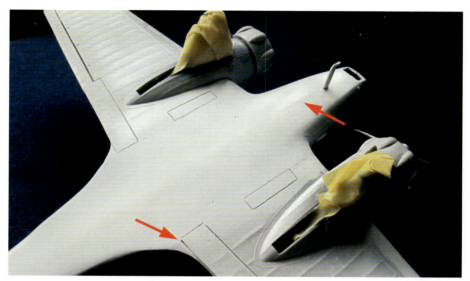

图 4-43 在正式喷漆前，喷水补土可以方便地检查出模型表面遗留的缺损、凹陷或划痕

图 4-44 喷水补土后容易检查出拼接遗留的缝隙

模型的基本涂装作业

现在，终于可以为心爱的模型上色了。

上色的工序依照个人喜好和零件的组合度进行。组合度极好（即结合面一拍即合、误差甚微）的模型也可以先分件喷好，再进行总装。但是粘接时需防止留下胶水痕迹，否则再打磨就得不偿失了。因此，绝大多数模型都是总装好后再进行喷涂（见图5-1~图5-4）。

喷涂第一步，是依据对真实飞机考证的结果进行选色。虽然说明书通常会给出油漆编号，但并不包括次要部位的

图 5-1　一般情况下，小部件单独喷色后再进行总装，可大大减少遮盖工时

图 5-2　遮盖后准备喷漆（图为主体部分喷涂完成以后再喷涂舱内色）

图 5-3　对线条简单的色块，宁可进行遮盖喷涂，也不要依赖不靠谱的水贴纸

图 5-4　能用漏喷工艺上色的地方尽量不用水贴纸，以提升外观质量

其他色种。而且有时说明书提供的编号并不一定准确。模型老手通常会参考相关书刊等背景资料，在家中储备好各类漆料，方便选择和渐次调色（见图5-5）。

模型涂料可以选择使用丙烯颜料、模型专用漆或罐装喷漆。

丙烯颜料相对经济环保，遮盖力良好，干透前还可用水洗进行修改。这种颜料可在文具店单支购买，新手容易上手（见图5-6）。

图5-5 可选择喜爱的品牌和相关色号给模型进行涂色操作

图 5-6　丙烯颜料

适合模型笔涂的丙烯颜料有：Vallejo 公司出品的 AV 漆；Gameworkshop 公司出品的 CITADEL 漆；Humbrol 公司出品的以及我国温莎牛顿公司出品的丙烯颜料。

目前最为流行的是模型专用漆，其品种齐全、色准，也便于调制，但价格稍高。罐装喷漆一般在五金店均有售，但其颜色呆板、品种很少，多用于色彩艳丽的民用车辆模型制作。

常用的模型专用漆一般分为油性漆（见图 5-7）和水性漆（见图 5-8）两大类。

油性漆其实并不含油质，只是采用了挥发较快的专门溶剂（如硝基溶剂），晾干速度较快。如果选择手工上色，笔痕也相对均匀。如果采用喷涂则效果更佳，但喷笔清洗相对麻烦。注意：大部分油性漆的溶剂均有一定毒性。

水性漆采用水或稀释后的酒精作为溶剂，更适于喷涂，且无明显毒性。

油性漆、水性漆均为俗称，这两种模型漆不能混合使用（覆盖涂刷除外），且使用前都必须稀释。

油性漆一般选用盖亚牌或郡仕牌，需配合使用与其配套的专用溶剂。田宫则主要提供水性漆产品。也有模友会选择田宫的黑色或棕色珐琅漆用于渍洗。习惯手涂的模友首选的往往是西班牙的 AV 漆。

罐装喷漆为硝基类漆，一罐一色，无法混合调色（见图 5-9）。因为这种漆依靠罐内压缩空气从喷嘴

C1光泽白　C2光泽黑　C3光泽红　C4光泽黄　C5光泽蓝　C6光泽绿

C7光泽棕　C8银色　C9金色　C10铜色　C11半光泽海欧灰　C12半光泽橄榄绿1

C13半光泽中灰　C14半光泽海军蓝　C15半光泽IJN暗绿 通常是日本军机的专用色　C16半光泽IJA浓绿/暗绿色　C17半光泽RLM71暗绿　C18半光泽RLM70黑绿色

C19半光泽沙褐色　C20半光泽淡蓝　C21半光泽中石色　C22半光泽暗土色　C23半光泽暗绿2　C25半光泽暗海灰

C26半光泽鸭蛋绿　C27半光泽机内绿 此颜色通常當为部分飞机座舱内的颜色　C28枪金属色 金属漆 掉漆、铁链、骨架、武器、尾喷　C29半光泽舰底红　C30消光剂添加剂　C31半光暗灰1

C32半光泽战舰暗灰2　C33消光黑　C34光泽天蓝　C35半光明灰白　C36半光泽RLM74灰绿　C37半光RLM75紫灰

C38消光橄榄褐2　C39消光暗黄/沙漠黄 沙漠涂装打底，加白喷色差　C40消光德国灰　C41消光红褐色　C42半光红木色　C43半光木棕色 當要漆木色的可以造它

C44半光甲板革 C43用優木色深的话，加C44调淡　C45半光帆布色 没有肌肉色的话，以此漆调也不错　C46罩光漆/光油　C47光泽透明红　C48光泽透明黄　C49光泽透明橙

C50光泽透明蓝 坦克的夜视仅用这个颜色涂　C51半光泽肌肉色　C52消光原野灰2　C54消光卡其绿　C55消光卡其色　C56半光泽IJA明灰白2

图 5-7　郡仕出品的部分硝基模型专用漆（即油性漆），种类繁多

图 5-8　田宫出品的部分水性模型专用漆，很环保

图 5-9　罐喷硝基漆

喷出漆雾，出气量不好掌握，所以易因喷得过厚而遮盖住细节。另外，其最大的问题是可供选择的颜色种类极少，且一瓶售价十几元，经济性差，多用于色彩单纯的民车和高达模型。

此外还有一些特殊用途的涂料，例如在为金属零件上漆之前，需先涂刷一层专用的无色打底漆，方便后续模型漆能够牢固地附着在金属表面（见图 5-10）。个人可以依照自身具体需求选用这些模型漆。

下面介绍最基本的涂装操作手法，主要有三种：手涂、喷涂、罐喷。

（一）手　涂

手涂是指用毛笔蘸着漆料直接对模型上色（又称笔涂）。其优点是操作简便、无需购置专用设备，适合涂一些较细小的地方。缺点是大面积涂色时极易出现笔痕。虽然经验丰富的高手能够做到不留明显笔痕，但效果远不及喷涂。相对喷涂而言，手涂费时费力费料，目前多用于对局部细节的着色（见图 5-11、图 5-12）。

手涂漆的使用方法：

建议选择笔毛柔软且富有弹性的毛笔，如尼龙毛平头笔或动物毛勾线笔，可使漆膜平整均匀。

上色前先将油漆搅拌均匀，再适当调稀。用笔蘸一些涂料，并在瓶口轻刮一下，以调节笔芯漆量。下笔时笔刷与模型表面的角度应保持在 70° 左右，

图 5-10　对金属零件涂色前，需先用打底液对其涂刷，以保证后续模型漆料的附着力

图 5-11　适合手涂上色的毛笔

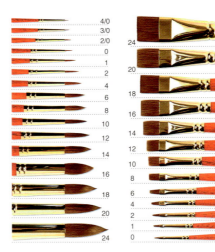

图 5-12　各种规格的笔头

由左至右以均匀的力度移动。涂完一笔后，下一笔也由左至右涂，且与上一笔的边缘应稍微重叠。下笔要轻，要有使笔上油漆轻轻"流"在模型表面的感觉，而非硬"刮"上模型。动作越轻，笔痕越不明显。涂时还需尽量保持毛笔处于湿润状态，并注意及时重新蘸漆，不要等到笔上没漆时再蘸。否则将难以续笔，容易留下难看的笔痕。

耐心等待第一层油漆差不多干了，才可以上第二层，否则会把第一层漆"刷起"。当采用十字交叉法涂刷第二层时，除运笔方向需与上一层呈 90°交叉外，下笔的力度更要小些。因为第一层漆尚未干透，第二笔若下笔过重或采用"硬拖"手法（往往因笔刷所含涂料不足所致），有可能将第一层漆"连根拔起"，造成颜色深浅不均，所以特别忌讳在同一个地方连续拉两笔（见图 5-13、图 5-14）。

不等第一层完全干透就涂第二层，恰恰是为了避免造成更明显的笔痕。手涂漆料需要经过多次覆盖，只有干透后才能进入下一层。每一层涂刷只能采用一个方向，同一个地方不可反复涂抹。两层涂刷的运笔方向要互相垂直，以减少笔痕。在边缘处须防止遗留漆团。

漆的浓度过低，也容易留下笔痕。但万一出错也不必惊慌，千万不要急于将其擦掉，正确方式应是待其完全干燥。等溶剂完全挥发后，你会发现实际情况并没有想象得那样糟糕。待漆彻底干燥后重新来一轮十字交叉涂法，可令不均匀现象大为缓解，亦可通过重复这一步操作直至满意为止（但会导致漆膜过厚遮盖掉细节）。关键还需要磨炼技术，学会用最少的油漆达到最佳的效果。菜鸟常犯"一蹴而就"的错误，企图将浓厚的漆液通过一两笔的"堆砌"就完成着色，结果发现欲速而不达。

白、黄、红等颜色覆盖力较弱，建议先涂一层浅灰作为底色，然后再涂所需颜色。不过这样漆膜会加厚（手涂的缺点）。

手涂通常是初涉拼装模型者选用的方法，但恰恰也是需要长期练习后才能达到满意效果的一种涂装方法（见图 5-15、图 5-16）。

如果是硝基漆，洗笔时可选择香蕉水（油漆店有售），原配的溶剂用来洗笔太浪费，建议仅用于稀释或调漆。

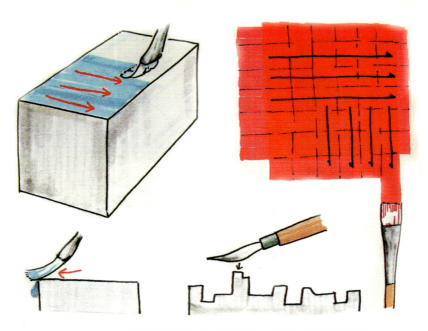

图 5-13　手涂漆料需要经过多次覆盖（左下角为切忌边缘刮漆，右下角是对凸出部分可采用点涂方法上漆）

图 5-14　手涂需要积累经验

117

图 5-15　某高手自行调出田宫水性漆的海军蓝，以全手涂方式完成 F-6F 战斗机模型

图 5-16　你相信这是全手涂完成的模型吗？

（二）喷　涂

喷涂即利用喷笔与气泵，将模型漆雾化后均匀地喷在模型表面。在大面积喷涂时，漆膜十分均匀，漆层也很薄，遮盖力强，省时省力又省料，效果往往出奇得好。喷涂可喷出漂亮的迷彩和进行旧化操作，保留表面细节。缺点是短时间内会污染空气，另因需要不断地对不需要喷色的地方进行繁杂的遮盖作业，故操作比较繁琐，且设备需额外投入。

目前随着人们生活水平的普遍提高，为自己配置一套甚至两套喷笔与气泵已不成问题，而且喷涂带来的美妙效果能说服你立刻为它投资。

关于喷笔与气泵的选择，前文已有叙述。这里只介绍涂色最基本的技巧。

因为久放后会发生沉淀现象，上色前应先利用搅拌棒充分搅拌瓶内原漆。玻璃瓶内漆料上下层的成分和颜色不同，只有充分搅拌，才能还原该色号的真实面貌。也有人喜欢在瓶里放置一颗镀铬小钢珠用于摇晃搅拌（此方法与罐装漆情况类似）。

无论选用什么性质的模型漆，在喷涂前一刻都需对其进行稀释与调配。稀释一是为了让漆料顺利地流过直径细小的喷嘴，防止堵塞，二是为了达到漆膜均匀、光滑、平整的效果。所谓调配，是指两种或两种以上不同色的漆料按不同比例重新调出所需的另一种颜色。

关于稀释，以郡仕基本色模型漆为例，漆与硝基溶剂的稀释比例为 1：2。稀释好的浓度应与牛奶浓度接近。高手也可通过"滴漆"来检查喷漆前的浓度是否合适。"滴漆"就是用细金属棒（如织毛衣的金属针）插入 2 cm 深的已稀释好的漆液，提起来，观察它的下滴速度。如果一开始即达到每秒 1 滴，说明浓度合适。金属色模型漆的稀释比例是 1：1~1：2，呈水状。具体如何掌握还需通过不断实践来练习。

较好的气泵附带空气压力调节旋钮、气压表、油水分离器甚至蓄压罐。油水分离器能将管道内隐藏的水分去除，对南方的模型迷是不可或缺的设备（否则在喷涂过程中有可能突然滴出一团水在模型的漆膜上）。蓄压罐则能够较好地保持恒定的出气压力。

喷涂同样需要长期实践才能获得经验，绝无捷径可走，不要指望一次走笔就可成功。好的效果与手涂一样，也需安排几次喷涂。喷涂时建议戴口罩，搞好屋内通风，有条件者可选择干燥无风的好天气在无扬尘的地方开工，否则将严重影响喷漆质量与自身健康。

喷笔口径有 0.2 mm 和 0.3 mm 两种。前者可以喷绘出细小的形状，后者适合大面积喷涂。做飞机模型，至少需要一支 0.2 mm 口径的喷笔。另外，建议买双动式喷笔：按下按钮，可喷出压缩空气并控制出气量；往后拉，则喷出漆雾，并能控制出漆量（见图 5-17、图 5-18）。

图 5-17　双动式喷笔的主要组成零件

图 5-18　喷笔最前端的针尖一旦碰坏就无法工作

　　如果要喷细线条，就将按钮往前推，可大幅减少出漆量，同时将喷笔靠近模型表面进行操作。同样，如果需要大范围喷漆，就将按钮往后拉，可大幅增加出漆量，同时将喷笔远离模型表面进行操作（见图 5-19~ 图 5-21）。

　　总之，要根据实际需求在按钮按压力度、按钮后拉程度、喷笔头与模型间距离这三大要素之间取得操作上的平衡。喷涂技术的提高只能积累经验，没有捷径（见图 5-22、图 5-23）。

图 5-19　双动式喷笔，按下按钮只出空气不出漆，可控制出气强弱

图 5-20　双动式喷笔，按住按钮的同时往后拉即喷出漆雾，越往后拉出则出漆量就越大

图 5-21　双动式喷笔，若长时间喷涂大面积表面，建议改用大拇指按压按钮，以减轻疲劳

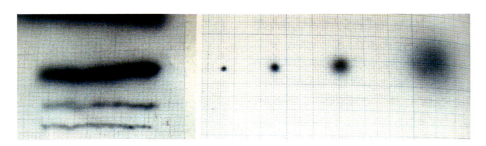

图 5-22　在同样的距离和气压下，前后推拉按钮可改变漆雾的喷出量（左）；在相同的气压下，喷笔与模型表面的距离决定喷流的直径（右）

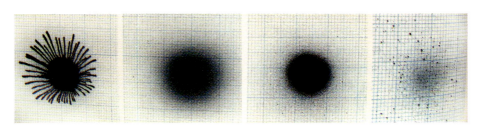

图 5-23　自左至右的喷漆表现，分别表示漆料过稀、正常、过稠，以及喷嘴处有污垢阻塞等情况

（三）迷彩喷涂手法

首先，画一个封闭的线条，再将喷笔垂直于模型表面，小心地喷涂该色块中央的空白区域。喷涂时，握笔的手动作切忌过大，并且反复移动手臂时须始终与模型表面保持恒定距离。眼睛则时刻注意模型表面新漆的变化，观察每次走漆的重叠情况和漆色的覆盖与饱和程度。喷涂要有耐心，千万不要在一个地方停留过长时间，以免漆液局部堆积，形成漆团滴淌。甚至有时可等待漆液半干后再进入下一步喷涂，不要急功近利以免造成遗憾（见图5-24）。

喷涂前，应将所需颜色的油漆一次性调足，以避免油漆不足因补调而发生颜色不一致的情况。对于由多种颜色混合而成的复合色，更需一次备足。

调漆可在不溶于硝基溶液的尼龙、玻璃等材质的调漆容器内进行，并选用容易控制溶剂用量的塑料滴管汲取溶剂。

如果模型塑料本色较深，或已经有比较鲜艳的底色，而之后要涂的颜色偏浅，遮盖力偏弱，上色后容易出现颜色不均甚至透色现象，那么需用一层白色漆或浅灰色漆打底。

模型喷色也有先后顺序，大原则是颜色由浅到深（见图5-25）。

图 5-24　漆液太稠，且迷彩边缘过宽失控，属于一次失败的喷涂

模型的基本色又叫主色。因为拼装模型的主旨是追求逼真度，所以选择主色非常重要。不同飞机的主色不尽相同。例如米格-15 战斗机，其主色只有银（铝）色一种；又例如 F-105 战斗轰炸机，其主色包括机身上半部由深绿、浅绿和棕构成的三色迷彩，以及机身下半部的浅灰色和机头雷达罩的黑色；再例如"信天翁"战斗机，其主色达七八种之多，仅上部翼面复杂的菱形迷彩就有五种颜色（见图 5-26~ 图 5-29）。

图 5-25　军机腹部颜色通常最浅，先将其喷好，然后仔细遮盖，最后喷上部颜色

图 5-26　不同时代的同型号飞机有不同的涂装规定，例如越战美空军战斗机的上部要用特定的三色迷彩

图 5-27　同时代、同一国家的战机其外部涂装也可能会截然不同，例如这架美海军陆战队 214 中队的 F4U-1D 就采用了联邦色谱 FS35042、35164、37875 三种组合颜色

图 5-28　一战时期德国飞机中常见到这样的菱形迷彩，这对喷漆与遮盖作业都是巨大的挑战

图 5-29　一战军机的菱形迷彩非常难做

　　现在出品的模型套材里都有专门的涂装说明，大多会给出模型漆编号，漆料可以直接采购。有些模型的用漆甚至不需要调色。也有部分模型的涂装说明会列出国际标准色谱编号，为制作者自行调出最精准的漆色提供直观依据。

　　一些模型漆料商家也为玩家准备了可供挑选的预调颜色，甚至针对不同时代、国家、机型，推出了多样的成品瓶装漆。以灰色为例，市面上有数十种不同的灰色，用以匹配不同国家、时期的飞机主色，给模型迷提供了极大的方便。然而，对高手而言，追求却不止于此。

　　尽管拥有了精准的原装漆色，但直接喷涂有时仍会显得生硬。原因在于模型是微缩实物，在一定距离观看时，颜色的饱和度和深浅程度还需做人工调整，更多是要靠个人的视觉感受和艺术涵养。而且，同种颜色在飞机不同部位会有不同的表现，也需制作者进行细微调节。而高手则善于对已经选择准确的色种进行饱和度和光泽度的微调（见图 5-30）。

　　微调包括两层含义：漆液本色的改变和每一次喷涂采用的不同手段。

　　下面以现代战斗机尾喷管的着色顺序为例，说明为求拼装模型逼真所需要付出的劳动。

　　由于长时间受近干摄氏度高温的烧烤，发动机喷管的不锈钢合金外壁会发生微妙的色彩变化，因此该部分喷涂难度很大。某模型高手的经验是：先用 SMC4 金属色模型漆打底，并在此基础上向喷笔杯内掺少许 C02 光亮黑漆，对几块小盖板做个别喷涂；继续加 C02 漆和更多溶剂，以快速手法小流量全面扫喷；然后随机喷一层薄薄的透明红模型漆，达到隐约可见的效果即可（喷管分节部位接缝处可稍微多喷一点）；之后再稀薄地喷涂一层透明蓝漆，待干透后重复点喷，以表现不同部位的烧灼效果；最后用最小的流量，随机扫喷一道 C101 模型漆。待漆干透后，用田宫黑色和棕色珐琅漆加 X20 溶剂稀释后渍洗整个部件，若条件允许可再做滤镜式渍洗以求完美（见图 5-31、图 5-32 ）。

模型中发动机本体部分也有相对简单的喷涂方法：先用"枪银"漆喷好发动机主体，再用不锈钢色喷涂几节环状部位(周边贴遮盖),然后用(亚光)焦黑、透明蓝、透明红分多次不均匀地喷涂各

图 5-30 考证以后再喷，模型各部位的主色会更加多彩逼真

发动机管段。以上均使用 0.20 mm 喷嘴，以达到不同金属色彩在不同部位的

图 5-31 模型喷气发动机的喷管可凭经验做出生动又逼真的原色效果

图 5-32　喷涂过专门金属漆的不锈钢尾喷管效果

视觉变幻效果。

　　按模型观赏距离的不同，主色通常需要向低饱和方向做出调节。高饱和度会使模型显得不稳重，有造作之感。而且，真飞机经日晒雨淋，色彩也会不同程度地变柔和甚至褪色。要做出这样的效果，往往需要有非常丰富的经验积累。

　　简单地说，对飞机模型（甚至是战车模型和舰船模型）偏下部位喷涂时，最好加一点黑色成分；反之，对其上半部的向阳面，最好加一点白色成分，以获得更生动的色彩效果（见图 5-33、图 5-34）。

图 5-33　为使银漆完美发色，最好先喷一层黑色打底漆

图 5-34　直接使用原瓶漆的艳丽涂装会失真

图 5-35　现代战机外部的灰色涂装也要按实际情况，对不同蒙皮区域喷出不同的色泽

图 5-36　喷涂多色迷彩时，除可相互少许掺色外，喷一道透明灰也是一种增加柔和效果的手段

　　同样，为刻画多块蒙皮间不同的保养程度和不同材质效果，同一种颜色也有必要调出多种微妙的色差。因此，在一种主色里有时会掺杂少许的灰、白、黑、褐等微调色。对于一种机型有多种主色的情况，可在不同主色之间进行少量的颜色混杂。这样喷涂出来的模型会有一种妙不可言的柔美与平衡感（见图 5-35~ 图 5-39）。

　　对一种颜色的光泽度把握同样具有重要意义。新手往往不谙其中的奥妙，常常不管三七二十一将所有飞机都喷涂

图 5-37　即使是同样的颜色，在模型表面也可做出丰富多样的变幻效果

图 5-38 虽为双色迷彩，但两色掺混融合

图 5-39 将一种非常薄的铝箔裁剪后拼贴在飞机模型表面，就有了真飞机的铝蒙皮质感

得"光彩夺目"（过于光亮）。当然，有些飞机确实很亮丽，例如一战时期和

20世纪30年代"航空黄金年代"的军用飞机，以及一些旅客机和运动机（见图5-28、图5-40）。但二战及以后的军用飞机为了隐身，几乎都采用半亚光甚至全亚光表面处理，这就需要在模型上也有相应的体现。

但实际情况更加复杂。例如同样一种允许表现"光亮"的飞机模型，却因有些部位是亚麻布蒙皮，故若做同样的罩光处理，就会出洋相（见图5-41、图5-42）。

对于许多常用漆色，商家会提供不

图 5-40　20 世纪 30 年代之前的飞机颜色相对艳丽

同光泽度的产品。同时，厂商也开发了一些专门用于调节漆料光泽度的透明剂料，适用于对任何颜色进行光泽调节。

这种不含任何颜色、只用于调节模型表面或漆色本身光泽度的透明添加剂，俗称光油或亚光油。顾名思义，前者也称罩光漆，后者用于降低光亮度，也称消光剂。

将这些添加剂掺入普通模型漆，用量没有严格的比例。其中罩光漆（光油）可直接使用。罩光作业的另一大作用是形成保护膜，可保护模型后期渍洗时水贴不会受到伤害。

消光剂兑入普通模型漆的量越多，

图 5-41　布质部件，一般要以亚光状态展现

图 5-42　20 世纪 30 年代的飞机，前半部是金属
蒙皮而后半部是布蒙皮，表现光泽也明显不同

亚光效果越明显；但喷涂飞机模型时，会在模型表面形成严重的白霜，非常难看。

　　制造不同的亚光效果也可使用现成的郡仕 C181 超级半光漆或 C182 超级消光透明漆。它们常用于模型的最后一 "罩"，有助于降低总体光亮度，且一般不会形成白霜，可放心使用（见图 5-43）。超级系列只需采用较低的稀释浓度即可达到亚光效果，但若将其按照一般油漆浓度调节，仍然会发生泛白现象，因此需多次稀释与试喷。万一出现白霜，用布料轻轻打磨即可。

图 5-43　最后喷一遍半亚光透明漆（俗称 "半光油"）可使模型展现出恰当的光泽度，同时还能保护旧化痕迹

消光作业会降低模型的鲜艳度，但不影响色彩本身的真实度。即使做了半消光或全消光，一般也不会影响到发色。当然，消光作业的另一大作用是消除质量稍次的水贴标志所产生令人生厌的反光。

在众多消光剂中，田宫出品的水性消光剂需与涂料混合使用。而郡仕公司的消光剂力度相对温和（滑石粉含量较低），少量添加可防止泛白（建议消光剂与溶剂采用0.6：1~0.8：1的比例混合）。其他品牌的消光剂（如国产的天使、模王等），滑石粉含量较高，如果湿度较大则非常容易出现泛白现象（因滑石粉会吸收大量水分）。因此喷涂此类消光剂之前，建议按消光效果所需的混合比例，先将消光剂与罩光漆混合。消光剂与罩光漆的混合比例应不大于1.5：1，否则消光效果不够真实，也容易出现其他问题。

为使飞机模型达到半光泽的观赏效果，一些模友喜欢对接近完成状态的模型做覆盖式喷涂，以统一整体光泽。这种喷涂应本着相对较高的稀释比例、较小的压力以及均匀柔和的操作原则进行。切忌喷枪压力过大、喷笔与模型距离过小、漆料过稠，否则将出现无可挽回的结果。

（四）迷彩的喷涂

模型表面各种颜色之间有不同的边界形式。飞机的年代、国家、型号不同，色块边界也有直线、折线或曲线之分。边界色彩对比清晰的称为硬线边界，模糊的则称为渐变边界。不同形式的边界要达到满意的喷涂效果，要么靠娴熟的手上功夫，要么借助于遮盖工具（见图5-44~ 图5-46）。

图5-44　喷涂锐利的硬线边界迷彩，可直接贴遮盖纸进行遮盖

图 5-45 典型硬线边界的四色迷彩遮盖涂装

图 5-46 典型硬线边界的双色迷彩遮盖涂装

许多模型迷彩采用硬线边界，这些飞机的色块交界是一条清晰的线条（见图 5-47）。喷涂硬线边界，往往需要使用遮盖带。在众多遮盖带产品中，田宫出品的黄色遮盖带性能最佳。它成卷出售，一面刷有不干胶，类似于家庭装潢使用的美纹带。但与美纹带不同的是，模型的遮盖带黏度适中，与模型表面更服帖，喷色后容易分离，将其贴在模型表面，用棉签压实，不会发生涂料渗入现象。

对大曲率弯曲边界，遮盖带也可扭曲粘贴，操作十分方便。而贴小曲率边界时（如不规则云朵形迷彩），要先将宽幅遮盖带贴在油光面纸上（可利用商标或标志贴撕下后遗留的涂尼龙膜底纸）剪裁出所需的形状，然后再揭下遮盖带，将其贴在模型表面上。如直接用剪刀裁剪极其柔软的遮盖带，几乎无法操作。

一些模型迷彩为渐变软边界，不同色块之间的朦胧过渡就是像真飞机模型徒手喷漆的效果。模型比例不同，朦胧渐变的边界宽度也不一样（见图 5-48）。

图 5-47 喷涂朦胧渐变边界迷彩，需要调低气压，用小喷嘴先勾勒出边界，再小心填满中心颜色

图 5-48　与模型比例相匹配的迷彩渐变边界宽度，效果控制得非常好

大比例模型相对较宽，小比例更接近于硬线边界。对极小比例模型（例如1/72~1/144 比例的小型飞机模型）则可直接按硬线边界处理。因为若对小比例模型坚持朦胧过渡难度极大，操作不当容易失真。

渐变软边界可用喷笔徒手喷绘，但需要制作者具有足够的胆识与技巧。手喷一般适用于大尺寸、大比例模型。喷涂时须用低气压、小喷流口径，先在模型表面喷绘出每一块云形迷彩轮廓，再对轮廓内进行喷漆，依次、逐步、细心地填满轮廓中间的空白区域。

若想简单快捷地喷出渐变边界迷彩效果，也可以借助遮盖带，但需在它的

下方垫 1~3 mm 厚的纸片。这样能使喷出的漆雾通过遮盖带边缘时形成微涡流，进而在模型表面形成渐变效果。渐变效果与下方纸片厚度有关，纸片越厚则效果越明显。

用橡皮泥代替厚纸片，同样可以喷出渐变效果。喷涂前先将橡皮泥搓成细长的面条状，按边界走向粘在模型表面，外部用普通纸或遮盖纸掩盖，然后喷漆。请注意喷漆时应将喷嘴尽量垂直于模型表面，否则容易弱化涡流效果，致使边界颜色硬化。橡皮泥条的粗细可决定渐变宽度，橡皮泥条越粗则渐变宽度越大（见图 5-49~ 图 5-53）。

此外，市面上还有一种专门用于硬

图 5-49　用橡皮泥完成迷彩遮盖

图 5-50 橡皮泥可以轻松摆出曲线并得到渐变边界的效果

图 5-51 橡皮泥遮盖后喷好的渐变边界迷彩

线边界喷色的遮盖液，使用十分方便，仅需用小刷子涂抹需要遮盖的部位（边缘部分要涂得相对厚一点），待干透后形成遮盖膜即可喷漆（或手涂）。等漆料干透，再用镊子等工具将遮盖膜揭去即可。与遮盖带相比，遮盖液无需剪裁，适用于复杂曲线和难以粘贴遮盖带的部位（如一战飞机细碎的微小色块群以及形状复杂的座舱盖、框等，见图 5-54~图 5-57）。

图 5-52 以橡皮泥做边界遮盖，可以喷出略微模糊的渐变边界迷彩效果

遮盖手段还可用于模型上色的其他过程，这里不再展开详述。

拼装模型要做真、做活，更要做出个性。例如相邻的几块蒙皮，也可以做出多样的色泽。

为达到变化的效果，可在喷主色前，将喷枪沿着所有蒙皮刻线，使用最小气

图 5-53 剪出曲线纸质样板，轻盖在模型上，与表面留少许空隙，可喷出渐变边界的迷彩色块

图 5-54　喷多色迷彩时通常先喷浅色系，图为遮盖已喷好的第一色系，准备喷第二色系

图 5-55　有些迷彩制作非常具有挑战性（如二战时期某些意大利飞机），由于边界清晰，因此必须动用许多模板遮盖纸

图 5-56　有时需要粘贴几十乃至上百片遮盖纸，这是一个细致的活儿

压，喷一层黑色底漆（见图5-58）。这样在喷主色时，会隐约在蒙皮刻线位置上留下黑色底子，使每块蒙皮中央部分的颜色比边缘略浅（见图5-59），是突显蒙皮边界与蒙皮刻线的渲染方法之一（其他方法见第六部分）。因此在喷涂时，

图5-57　这样的斑点迷彩全靠小口径喷笔逐个喷出，掌握间距和漆厚度，需要长期的经验积累

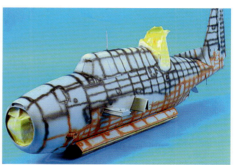

图5-58　预先对蒙皮线喷黑色

图5-59　喷主色时有意留下些许黑影，可呈现做旧效果

图 5-60　喷出来的黑灰色蒙皮接缝效果

建议以单块蒙皮为单位，从其中央进入，略微摇动喷嘴，逐步喷满全块，边缘则尽量少喷，直至达到满意的效果为止（见图 5-60）。

　　进一步提高每一小块迷彩区内部颜色层次的方法是：主色喷好后，在剩余的漆料杯里加入少许白色或黄色漆液进行搅拌，然后再将其随意喷进每块迷彩的中央区域，迷彩边缘则维持原有偏深暗度，这样处理后的云斑会更加生动。

　　因为各块蒙皮的色泽或许不一样，所以在不违背真实性的前提下，可在主色中分别添加少许其他颜色漆液，用以喷涂不同的蒙皮。只要不太夸张，喷涂完成后全机效果会更生动。这种方法叫作喷色差（见图 5-61）。

　　座舱盖之类的透明玻璃件通常在制作后期才粘上机身，因此必须单独上色（颜色一般与机身上部相同，见图 5-62）。上色前，须用裁剪好的遮盖

图 5-61　喷完主色，单块蒙皮上又喷出色差

图 5-62　透明座舱往往最后才装上机身，故容易产生装配缝隙

图 5-63　透明舱盖可在拼装之初就粘上机身并填补间隙

图 5-64　利用腻子打磨消除装配间隙后，再进行喷色，但要始终注意遮盖保护

带将玻璃框架以外的地方全部遮盖。待喷漆干透后，先用手术刀刀尖小心挑开遮盖纸的一角，然后沿框架方向慢慢撕去。注意：须严防将漆膜连纸带一起撕掉，未被喷到的部分即为晶莹剔透的透明风挡。因为座舱盖曲率大，为了不让漆料渗入无关区域，必须将遮盖带裁成多块窄条，相互重叠遮盖，不留任何空隙。当然，如果开始就将透明风挡粘死在机身上，最终效果更好，但要仔细填补装配缝隙并打磨圆滑（见图 5-63~图 5-67）。

对于大比例模型，不仅要对座舱盖外部框架遮盖上色，还要对框架内侧上色。框架内部颜色多与外侧不同，但与座舱内部主色一样（见图 5-68）。

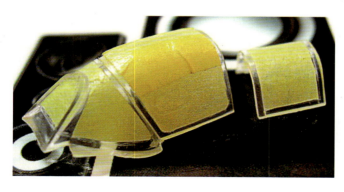

图 5-65　遮盖玻璃座舱盖时必须注意，千万不要在弯曲部位留下可渗漆的缝隙

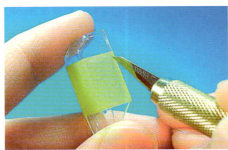

（a）沿窗框刻去多余纸条

（b）切刻完毕，露出需要上色的部分

（c）喷漆后效果图

（d）小心剔去全部遮盖纸

图 5-66　玻璃座舱盖遮盖方法之一

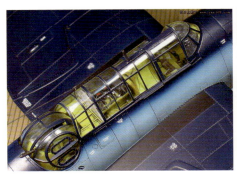

图 5-67　如果遮盖仔细，则喷漆后的
透明件线条、边界清晰，没有污染

图 5-68　玻璃座舱框架内侧如果描画上座
舱内部颜色，可使模型更加逼真

（五）喷笔的保养

喷笔是模型制作中经常使用的工具之一，使用后须立即清洗，以免堵塞。清洗步骤如下：

① 在漆料杯中注入溶剂（对硝基漆而言，可使用廉价的香蕉水、天拿水等），用纸巾团堵住喷针套，向后拉动按钮，此时会看到有气泡在漆料杯里升腾——喷针套被堵住时的回流气体。稍后拿开纸巾，将杯子里的溶剂喷完，并用蘸过干净溶剂的纸巾将杯内没有洗掉的涂料擦干净。反复多次，直到喷出来的溶剂里没有任何杂色为止。

② 将喷笔尾套管旋下，松开紧针螺母，将喷针小心地从后面抽出（注意：有些喷笔须始终按住按钮不放才能抽针和放回喷针，不然有可能无法复位），用纸巾或无毛絮的布条蘸上溶剂，将其表面残留的漆垢擦拭干净；再将喷针套和气嘴分别旋下，用纸巾或棉签蘸足溶剂，将喷针上面的残余漆料擦拭干净。另外，也可用专用的长毛刷清洗笔身主体内腔。

③ 将喷针轻轻插回笔身内，在穿喷嘴时要格外小心，防止针尖受损报废。喷针只需稍稍穿出尖头即可，不可硬推。然后将紧针螺母旋紧，把喷笔尾套管旋上。最后把气嘴和喷针套分别装在笔最前端的位置。至此，喷笔就清洁好了。

需要注意的是，一些模友喜欢将整支喷笔浸泡在溶剂中以去除漆垢。但并非所有喷笔都能这样做。有些喷笔内部垫有橡胶密封圈，如果接触到有机溶剂会被腐蚀，则将导致喷笔无法正常使用（见图5-69）。

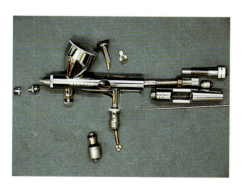

图 5-69　喷笔拆解示意图

6

模型的表面效果
处理和做旧

制作拼装飞机模型时，应当将其视作一件精美的艺术品认真对待，而非简单的零件组合。模型上色完毕不等于制作工作全部完成，还有许多艺术效果有待完善。下面按工艺操作顺序介绍拼装模型的表面效果处理和做旧。

（一）水贴纸的粘贴方法

水贴纸（水贴标志）是拼装模型套材里的重要附件。它能使原本平凡的模型变成五彩缤纷、极富生命力的作品（见图 6-1、图 6-2）。

图 6-1　特殊队徽和部队标志画依赖于水贴纸，图为抗战时期著名的"飞虎队" P-40 外观效果

图 6-2　水贴创作的极致——第四代战斗机被做成卡通涂装

所谓水贴纸，就是在一张涂有水溶性背胶的纸上，利用印刷的方法将略带弹性的特殊油墨印上，并在图案上加覆一层透明薄膜。水贴纸提供的图案是为配套的模型型号服务的，例如某架飞机的外部装饰图案、标志性色带、部队标志、飞行员的个性标志或口号、个人战果标志、军徽机徽、国旗、航空公司的徽号、地面维护提示语、警告语、舱内仪表等（见图 6-3）。

水贴纸通常会随盒装模型提供。然而，此类统一生产的水贴纸无法满足所有模友的需求，而且质量良莠不齐。因此近年有厂商专门生产这类水贴纸以飨模友。这些厂商针对典型的模型种类或特定型号提供优质水贴纸。这些水贴纸的质量远优于模型套装内的产品，种类也越来越丰富。如果想制作与众不同的作品，不妨选购这类水贴纸。

好的水贴纸须具备图案薄、背胶黏、颜色饱和、印刷套色精准、不会透出模型原有底色等优点。

如前文所述，水贴图案最上层为透明薄膜。因为该薄膜尺寸通常比图案本身轮廓大一圈，所以将透明边一起粘上模型会很难看。因此，在剪切

图 6-3　模型水贴图案主要包括机徽、机号、部队标志、个人标志、维护提示语和部分色块等

每个图案时，应尽量沿图案边缘下刀。如果图案拐角太小，用剪刀不方便，也可考虑直接用锋利的笔刀切割（见图 6-4）。

　　模型上色后，表面油漆实际十分粗糙，喷过消光漆的表面更甚，而贴纸背面（贴在模型上的带胶面）为光滑面。粘贴后，待贴纸里的水分及背胶完全干燥后，贴纸和模型油漆表面之间会产生许多极小的空隙，光线会在空隙内反射，

图 6-4　水贴图案要用剪刀或笔刀尽量沿图案边缘裁剪

导致肉眼所见的贴纸泛白或闪亮。为避免该情况发生，须将贴纸贴在模型光滑面上。

制作光滑表面有两种方法，一是直接选用有光泽的模型漆上色，二是上完主色后加喷一层有光泽的透明漆。

模型基本色（主色）涂好后，即可将水贴纸逐个粘上模型。

粘贴的基本工具为一小碟清水，平口镊子、尖口镊子各一把，棉棒，柔软面巾。或按需要另配水贴纸软化剂（如日本郡仕出品的 MR.MARK SOFTER、国产贴纸软化剂、英国 HUMBROL 出品的 DECAL COTE 1 及 DECAL COTE 2 组合）。

粘贴前，首先要按照说明书把需要的图案按编号剪下，依次贴在相应位置上。

具体操作时，较理想的方法是用镊子夹住已剪下的贴纸，浸入 40~50 ℃的清水中，抖去气泡，浸泡十几秒（一些顽固的水贴纸需更长时间），使较厚的底纸吸收足够的水分；然后取出平放在玻璃桌面或小水盆边缘，让吸饱水分的底纸继续缓慢溶解背胶（见图 6-5）；等待二三十秒后，用手指轻轻推动水贴纸的表层，如果其能自由移动，表明水贴纸已完全和底纸分离，此时便可将水贴纸移送到模型表面。有些模友喜欢将贴纸泡在水中，让贴纸和底纸在水中分离。

图 6-5　沿图案裁剪水贴图案后入水浸润，然后搁在盆边等待背胶软化

但这会导致背胶部分流失，同时也不易将柔软卷曲的水贴图案从水中捞起。

操作时，用镊子夹住已经露出的底纸空白边缘，并用一根棉棒将水贴图案推离底纸，顺势移至模型表面。也可用大拇指完成该步骤（须保持手指干净，见图6-6）。待图案移上模型后，抽去底纸，手指蘸清水将图案调整至准确位置。注意不要戳破水贴。

图案就位后，用柔软的面巾纸垂直轻压水贴，将大部分水分与溢出的背胶吸掉。吸水的过程中注意防止图案发生移位。

之后，改用干净棉棒轻轻地在水贴

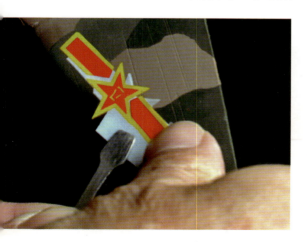

图6-6　将水贴图案底纸推离后，即可移动到模型的相应位置，然后抽掉底纸

图案上来回滚动、按压，进一步将气泡与水分挤出，以使水贴图案尽量粘牢在模型表面。

万一水贴纸发生移位，可用手指蘸清水重新调整图案位置。

由于模型表面有凹线或刻线，因此如果不做软化处理，水贴图案通常会凌空"跨"过这些线条，使凹线或刻线被水贴图案掩盖。而经软化处理后，贴纸可顺从地紧贴表面并陷进凹线，将线条生动还原。

为使贴纸服服帖帖地附着在模型表面，"贴纸软化剂"应运而生。其功能是将贴纸临时软化，使之能顺着模型表面完全紧贴。

贴纸软化剂的主要成分是一种化学溶剂，可将贴纸上的印刷油墨暂时部分溶解。这是软化水贴的主要原理。

软化剂的具体使用方法十分简单，用小刷子将软化剂均匀刷在已贴在模型表面的水贴上，待其自然干燥即可。水贴纸涂上软化剂后，会产生许多皱纹，软化剂功效越强，皱纹越明显，完全干燥后，则会全部消失。不同的水贴需要配合不同的软化剂使用（见图6-7、图6-8）。

图 6-7　郡仕出品的 MS-232（带背胶，蓝盖）与 MS-231（不带背胶，绿盖）水贴软化剂

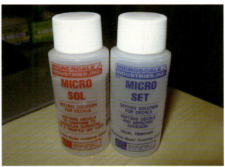

图 6-8　美国 MicroScale 牌水贴软化剂

如果涂上软化剂的水贴纸迟迟没有变化，甚至未产生皱纹，那么有两种可能：一是水贴纸的品质欠佳（久放会发生变质）或油墨品质不好；二是软化剂不够有力，需要换用更强力的（见图 6-9、图 6-10）。

涂上软化剂后（时间长短视水贴纸的反应而定），等一段时间再用棉棒多次滚压，使其陷入凹线。要注意，滚压时须留意水贴变化。因为受软化剂侵蚀，

图 6-9　如果没有软化剂，则难以让水贴牢牢粘在复杂表面

图 6-10　若软化剂不够强力，水贴难以牢牢粘在复杂表面

水贴变得极其柔软，所以按压不当，会损伤水贴纸。万一水贴某部位未紧贴于模型表面，可局部补涂一点软化剂，使其再次软化。总之，务必使整张水贴纸与模型表面不存在任何空隙。

水贴纸都有保质期，过期尽量不要使用。保存时不宜将贴纸留在模型套材盒内，而要用保鲜袋包裹好并放进冰箱保鲜柜。这样可大大延长贴纸寿命，也可防止其与其他物体粘连（高温夏季或潮湿天气更需冷藏保存，见图6-11）。

为方便后续操作，建议对整个模型加喷一道严密的透明罩光漆。这点很重要，一是可以保护水贴不被后道工序中的溶剂破坏；二是可以防止模型原漆与其他溶剂发生不良反应；三是在做旧时

图6-11　暂时不用的水贴纸用保鲜袋包裹好放进冰箱保鲜柜保存

不至于使模型表面变得很脏且无法补救（见图6-12~图6-15）。

最后说说对付质量较次的水贴纸的几个小窍门：

图6-12　好的水贴需要用透明罩光漆覆盖保护后，再做旧

图6-13　光亮的机徽标志水贴严重失真，需要喷透明亚光漆去除光泽

针对储存中已出现破碎的水贴的复原方法有两种。一是先将水贴在水中浸润几秒（水温控制在 30 ℃ 左右），取出后用电吹风的低温挡烘吹表面数秒（水贴表面温热时停止），然后将水贴翻面重复以上步骤，最后将其小心转贴到模型上。此方法关键在于温度控制，若温度控制准确，成功率可达 95% 以上。再就是在水贴纸上喷一层光油，待干透后，用刀刻下图案，然后浸水。

图 6-14　水贴就位干透后，在表面喷一层半亚光透明漆以统一光泽，也可保护水贴免于脱落

图 6-15　模型腹部也要认真对待，水贴经过喷透明漆压低光泽，消除了水贴膜的边缘厚度，使模型浑然一体

对于厚度大且质地坚硬的水贴，除使用软化剂外，还有一个土办法：将喷笔的气压与出漆量调至最小，直接反复喷雾状香蕉水，直到水贴起皱，待皱纹平伏后，立即用棉签小心压平。用该方法处理过的水贴，后期一定要喷透明消光漆或罩光漆进行保护（见图6-16），否则过段时间，图案边缘可能会脆裂翘起。

对付最顽固的水贴，加热也是一种较好的解决方法。首先，将贴纸移到位，先用大量蓝盖背胶软化剂润湿贴纸，再用热风机低温挡烘吹，同时仔细观察软

化剂蒸发的情况，用棉签快速在贴纸表面滚动按压，等软化剂快干时关闭吹风机即可。切记不能完全吹干水贴。此法不建议初学者使用，因为温度掌握不好会使模型塑料件发生永久变形或溶化。

一般来说，绿色瓶盖的软化剂效果较好，而蓝盖的带有背胶，能弥补胶水力度不强的某些水贴。有些模友面对背胶无力的水贴时，喜欢用稀释许多倍的木工白胶水涂在水贴图案下加强黏度，甚至动用溜缝胶。后一种方法非常有效，但也需要有丰富的经验。

图 6-16　模型完工后，喷一道半亚光透明漆，可调节模型光泽并永久保护水贴与做旧效果

图 6-17 对于形状简单但粘贴困难的色块、色带水贴，建议直接遮盖喷色

图 6-18 面积大、线条简单的水贴，建议弃之不用，直接遮盖喷涂效果反而更好

也有更胆大的老模友对不愿"俯首帖耳"的水贴图案直接喷一道硝基溶剂（如香蕉水），再顽固的水贴也会变软。但操作风险较大。

用过众多品牌，笔者感觉最好的是SCALE-MASTER水贴，因为其超薄，对软化剂不过敏，贴完之后基本自动消光。

厚度过大的水贴贴好后，会凸出在模型表面，破坏美感。解决方法是多次堆喷光油，然后打磨，以平缓图案边缘的细微台阶，减少高度落差。

这里给大家一个小建议：针对面积大或线条简单的水贴，索性弃之不用，直接遮盖喷涂（见图6-17、图6-18）。

（二）旧化的方法

上好色、贴好水贴标志的模型，会以准确的外形轮廓、逼真的细节与标记呈现在观赏者眼前。此类视觉效果光鲜亮丽的模型被模友们称为做得"很干净"的模型。确实，有些飞机模型需要做成这样的效果，如民航机、游览机、公务机、展会样机等。但实际情况并不都如此，对于见过实物并深入了解相关机型的人而言，干净的作品充其量只是一件精致的模型作品。在他们看来，这些外观艳丽、一尘不染的工艺品与实物相比，还缺少一些现场感。换言之，就是缺乏真飞机不可言表的氛围与气质。对战机或在野外环境中使用的飞机，如果也做得像刚出厂一样，反倒不逼真，只得其形而无其神。更何况有些军用飞机生产出来就人为地被实施了不同程度的伪装或旧化处理。要达到这样的像真效果，就需要对模型进行旧化处理。

如何给缩小的模型塑造"真实氛围"？这种氛围又源于何处？

模型与实物之间存在着静与动、小与大的差别，只有通过特殊的后期处理，使模型在视觉上获得鲜活的感觉，才能达到小中见大、神形兼备的效果。

这种特殊的工艺被模友称为旧化（或做旧）。之所以需要对模型进行做旧处理，是因为大多数军用飞机在退役前，执行过许多任务，经受过无数日晒雨淋，会或多或少受到磨损，并日渐老化。因此必定会在机体表面或内部留下不同程度的陈旧痕迹。而刚刚做好的模型，往往被作为工艺品收藏，并不会"自动"出现陈旧的痕迹（见图6-19）。

图 6-19　有人喜欢把模型做得很干净，几乎不做旧

此外，缩比模型制作完成后，当站在一旁观赏时，相当于站在远处观察一架真飞机。简单的估算方法是：在 1 m 外观看一架 1/72 的缩比模型，视觉效果相当于在 72 m 开外观看一架同样型号的真实飞机。

距离在观看效果上的作用不应被忽略。大气造成色彩明度随距离增大而减弱，这称为大气透视效应。当观看距离不同时，色彩明度必然发生变化。于是，当一件涂色较明艳的 1/72 模型摆在 1 m 远的地方时，其色彩将十分刺眼。因此，为了尽量追求真实效果，就需要对缩比模型进行旧化处理，重新调整出模型的正确色彩和各种使用痕迹，让模型"活"起来（见图 6-20）。这是模型迷需要努力追求的一种境界。

为达到做旧效果，模型爱好者除应具备良好的基本功外，还需注重汲取绘画、美学、航空史、战争史、空气动力学以及飞机制造工艺等多方面知识。广泛而精确的资料收集不但可以深入了解相关机型的研制背景、构造特征，更能再现其使用环境和外观状况，从而为模型旧化提供翔实可靠的依据。

旧化工艺大致可归纳为色彩的再调整和使用效果营造两大方面。不同年代军用飞机的使用方式造成模型旧化工艺的多样化。下面针对不同时期的军用飞机模型介绍几种主要的旧化工艺。

1. 偏差色及色彩的淡化处理

既然大气透视效应会使在一定距离观察的实物色彩明度减弱，那么模型在涂色时应在"标准色"（即与实物飞机油漆等同或相近的涂料颜色）中添加一定比例的白色漆（注意：红、黄等色光波衰减慢，金属色有特殊性，不在此例）。国际流行的添加比例是：将模型比例分母的 1/2 除以 100，作为添加白漆的大致比例。

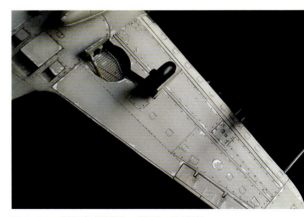

图 6-20 做旧包括渍洗、干扫、做掉漆和做粉彩等多道工序

以 1/48 模型为例，分母的 1/2 是 24，除以 100 就是 24%，也就是说要在基本色里加进约 1/4 白漆，依此类推（偏浅的基本色可相应减少添加比例）。这一原则适用于各个时代的所有军机模型。

当然，有些模型爱好者在处理迷彩时，喜欢通过调整白色用量来着重体现色块边界反差，以进一步增强视觉效果。这也是一种流行的方法，具体操作是在喷涂每一块迷彩时，对中央较大面积内的漆色多加一点白色，边缘部分少加。但要本着整体色彩和谐统一的原则，避免颜色变化过于突兀（见图 6-21~图 6-28）。

图 6-21　模型外部和零件表面做旧，画出掉漆与起落架舱盖旧化效果

图 6-22　该作品在每块迷彩喷出中央比边缘浅的色差效果，机翼渍洗顺气流方向做旧，机身渍洗顺雨痕方向做旧

图 6-23　不同部位要善于灵活使用不同强度、不同色彩的旧化处理，关键要随意，避免刻板

图 6-24　活塞式发动机的排气管要尽量
做出高温灼烧后带锈色的效果

图 6-25　旧化基本是从战车模型而来，AK 效
果液做尘土冲刷效果，发动机检修舱盖做出漏
油和气流冲刷的痕迹，副油箱做了很多漏出的
油渍

图 6-26　这架飞机模型刻线细且深，色泽把握准确，旧化偏重

图 6-27　适当渍洗，不仅不会造成模型肮脏的效果，反而可增加逼真感

图 6-28　建议对细小零件先做旧，再逐个安装，这样比较方便

此外，还应让模型产生体积感与重量感。

要使欣赏者领略到接近实物的体积感，需要通过光影加工来实现。由于模型作品直观上有"小"的感觉。因此有意识通过涂色技巧塑造光影效果，成为再现体积感或重量感的重要手段（见图6-29~图6-31）。

具体方法是：以基本色加入少量白色作为高光色，一般涂在受光较多的部位，如机身背部、机翼上表面翼型剖面最大厚度处、尾翼上表面等。在

图6-29 现代战机即使色调相同，也要按实际情况针对不同蒙皮区域喷出不同色泽

图6-30 虽是黑色夜间战斗机，但做出的是非纯黑色差

图 6-31　用喷笔喷出的黑灰色蒙皮缝效果

图 6-32　飞机腹部基本色要比背部调得稍深

基本色中加入少量黑色后，涂在受光较少的部位，如翼身结合处、机身下半部、被平尾遮挡的机尾等，作为阴影渲染（见图 6-32）。经过这样的处理后，模型就增加了体积感和空间立体感，似乎变大、变重了（见图 6-33）。

以上技法属于偏差色的应用。偏差色的另一功能是模拟因日晒雨淋等原因引起的表面褪色，多用于双翼机和二战期间服役于恶劣气候环境里的机型。一

图 6-33　不同主要基本色做出了相互交融的效果

般来说，布质机翼会泛出亚麻布本色；迷彩中的暗绿色会变浅进而泛黄；橄榄色褪色，趋向于浅棕。而且要注意的是，此类褪色表现并不均匀，而且涂时应顺气流方向，才能做出恰如其分的"年月沧桑效果"。

2. 金属部件的旧化与表现

航空发动机的曲轴箱、汽缸体、部分管路、水箱散热面、起落架支柱、液压作动筒、螺旋桨桨叶、桨毂、轮毂、喷气式发动机机匣、涡轮叶片、尾喷管以及金属蒙皮等，都是应着重表现金属质感的部位，需要呈现不同程度的旧化效果（见图6-34）。通过对具体飞机型号的考证，可大致了解这些金属部件的色泽变化与氧化程度，给制作或旧化操作提供参考。

真飞机的金属零部件在模型里几乎都用塑料件模仿，因此上色时应依照实物的旧化情况对漆料进行适当调整。手边除需备有铝色、铬色、钢色、黑铁、青铁、烧铁色、铜色、枪炮色等多种专用模型涂料，还应备有消光剂和罩光剂，以调整模型表面光泽。原则上说，氧化较为严重的金属部件的明度和光泽度通常较低，反之光鲜醒目。

图6-34 塑料拼装模型要做出这样精彩的不锈钢部件质感实属不易

早期军用飞机上的金属部件，因受冶金工艺限制，表面没做特别处理，所以氧化得厉害。做旧时，可在基本色中添加一定比例的消光剂和灰色以模拟氧化效果。而在边缘（边角）等易受吹刷、踩踏或摩擦处，需在原色中加入铬色或银色，或者在后期以干扫手法表现较为新鲜的金属光泽。

3. 干 扫

干扫是用来强调模型凸起部位的一种技巧，是海陆空拼装模型常用的做旧工艺之一。如果将干扫和渍洗、渗线等手段配合使用，模型表面的凹凸对比能更加明显，各种细节会被精彩地表现出来（见图6-35）。

干扫的具体操作方法是用带有稍硬刷毛的画笔，蘸少许颜料（或漆料）在白卡纸上来回走刷，将多余的颜料刷掉八九成，直到画笔上的颜料看似用尽，再开始用毛笔尖在需要"蹭"亮的零部件凸出部位轻轻地来回"扫"动（见图6-36、图6-37）。

干扫所选用的涂料颗粒要细腻、不易快速干燥。珐琅漆、油画颜料与模型专用漆，都可用于干扫。选用的刷笔毛

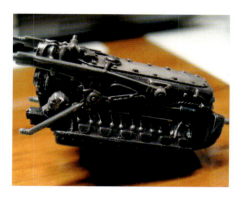

图6-35　喷金属色后经过干扫，可增加发动机的立体感、重量感和陈旧感

图6-36　将毛笔擦干银漆后一遍遍轻扫模型棱角边缘以突显金属细节

图 6-37　干扫能很方便地突显金属部件细节

要短且柔软。

　　所谓凸出部位是指某些机件的边缘、棱角等。

　　刚干扫时不会显现颜色，随着毛笔反复扫动，机件的立体感会逐渐突显，模型观赏性大幅度提升（见图 6-38）。

　　至于干扫时用于舔笔的漆色，要依据相关部件的原材料本色进行选择。例如，本身是金属制造的东西（如发动机、撑杆支架　），须蘸一点银色颜料；本身是非金属材料（如蒙布、复合材料雷达

图 6-38　在有丰富细节区域的金属蒙皮处干扫，效果明显

罩），须蘸一点白漆或浅灰漆加进该部位的原基本色。

以上说明，干扫色与该部位的基本色并不完全一样。

以模型上的星形活塞式发动机为例，汽缸部位铸出的层叠散热片一般会涂黑铁色或烧铁色，细节容易被掩盖。而如果用银色轻扫一下，散热片就若隐若现地被勾画出来，模型就显得鲜活。又例如，一副喷好黄绿迷彩的布质机翼往往显得很平常，但如果用加进白漆的黄绿基本色轻扫机翼上部的凸起物，因翼肋而鼓起的机翼上表面的一条条凸痕就得以彰显，令模型更生动，像真度大大提高（见图6-39、图6-40）。

对于某些仿金属零件的塑料部件，在上色后也可直接用铅笔芯涂刮棱角，效果类似银色系的干扫。这种方法在突显坦克或旧飞机的铆钉等细节方面效果不错，而且容易修正（见图6-41、图6-42）。

图6-39　用浅灰白漆干扫灰色基本色后，凸出的部分进一步得到强调

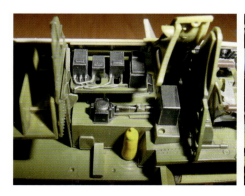

图6-40　机舱内部扫银，使物件更加立体、生动

图6-41　铅笔芯能很方便地扫出铆钉、螺钉等金属细节

图 6-42　铅笔芯可扫出发动机部位细小的金属细节

4. 渍　洗

渍洗是在车辆和飞机拼装模型制作后期进行的一项重要的做旧工艺手段。通过渍洗,模型外观会发生以下变化(见图 6-43 ~图 6-49):

① 总体光泽度降低;

② 基本色饱和度降低;

③ 会增加一定程度的污渍与陈旧感;

④ 表面颜色发生细腻、微妙的层次变化, 色彩饱和度增加;

⑤ 不同主色间的反差得以调和并减少;

⑥ 表面刻线等构造的视觉效果进一步增强;

⑦ 模型重量感增加;

⑧ 总体变暗。

渍洗是将颜料(或涂料)加入溶剂稀释后, 用大号毛笔涂在模型表面(或

图 6-43　渍洗后,模型表面色彩变化丰富,十分耐看

图 6-44　渍洗不仅可以突出蒙皮线，还压低了光泽度，使模型旧化

图 6-45　经过渍洗的刻线和铆钉孔使模型更逼真

图 6-46　渍洗能突显铆钉、螺钉和舵面翼肋构造

图 6-47　渍洗有利于突显模型细节，但做旧不等于做脏

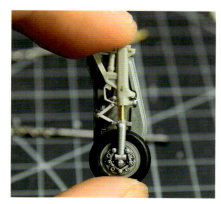

图 6-48　起落架未喷漆做旧（上部）与喷漆并渍洗（下部）的效果对比

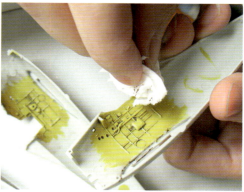

图 6-49　机舱内壁渍洗应提前进行

图 6-50　渍洗应在喷漆完毕甚至水贴贴好后进行，但须先喷一层光泽透明漆，以保护水贴不会脱落，并使渍洗液不会过多渗入干涩的漆膜

特定细节部位，如蒙皮接缝附近），并立即或者待其半干后用棉签或纸巾顺气流方向将渍洗液擦去，只留一点"旧化感"的制作工艺（见图 6-50）。

　　渍洗可视模型所需做旧的程度多次反复进行，或通过调节渍洗溶液浓度控制做旧程度（见图 6-51、图 6-52）。

　　渍洗液的主要颜料是油画颜料、丙烯颜料（见图 6-53）等，常用煤油、

图 6-51　煤油加油画颜料做渍洗液省钱，但容易做脏

图 6-52　不要等渍洗液几乎全干后再擦洗，以免将模型弄得很脏

图 6-53　一种丙烯颜料

打火机油或松节油做稀释液，或用专用溶剂（如田宫出品的 X-20）稀释丙烯酸类模型漆料（如田宫的 X-18 等）。稀释比例约为一汤勺稀释剂加一两滴颜料，具体浓度要按需求控制。渍洗液颜色通常调成黑、黑褐、深灰或棕褐色。对飞机模型而言，一般选用黑、黑灰或黑褐色（根

据模型表面基本色而定，见图 6-54)。

　　渍洗液常用的配方还有：用水或 Ajax 玻璃清洗剂稀释水彩颜料或丙烯酸颜料；用清水稀释咖啡或浓茶（只适于在亚光表面渍洗锈渍痕迹）；用水稀释黑墨水等。

　　下面以最常见的油画颜料方案为例，介绍渍洗的具体操作方法：

　　使用油画颜料的渍洗液稀释比例较高，一般来说颜料与稀释剂比例至少为 1：5，最高可接近 1：20，具体根据需要确定。

　　很多人曾将煤油加油画颜料作为渍洗的首选原料，但它的主要问题是挥发性太差，不易收干，且极易腐

图 6-54　在黑色渍洗液里添些棕色，会使效果变得生动

蚀黏结点。这其中，国产动力油价格低廉，挥发速度适中，感觉正好；航空煤油稀释效果与挥发速度都恰到好处，一般洗完半小时就干了，72 小时后可完全干透，缺点是味道太重。后来，模友们纷纷改用打火机燃料——Zippo 油。其不但干燥速度快，且不会腐蚀黏结点，气味小，更重要的是洗后的效果也比煤油干净许多。国产打火机油稀释效果一般，但价格低廉，挥发速度快，表面洗完几乎就干了；缺点是如果操作慢的话，第一笔和最后一笔的渍洗效果会有天壤之别。正品 Zippo 油稀释质量佳，挥发速度比较快，且具有一定的消光效果，缺点是成本高。松节油稀释效果也不错，且附带消光效果，但因干燥速度慢，擦洗需等待很长时间。

　　其实油画颜料还有许多其他稀释剂，但性价比低，不予推荐。

　　不少模友比较青睐用模型珐琅漆进行渍洗，如利用溶剂 X-20 与 X-18 组合（或 X-20 与 X-18、X-9 的混合型组合，见图 6-55 ）。近年来，也出现了专门的瓶装渍洗液，可直接使用，如 MIG 渍洗液。

图 6-55　漬洗可采用煤油（或打火机油）与油画颜料的混合溶液（右），也可用田宫 X-20 溶剂与 X-9、X-18 珐琅漆料的混合溶液（左）

漬洗的操作速度要经过实验才能掌握好。一旦等候时间过头将不容易把颜料完全擦掉，造成模型脏兮兮的感觉（见图 6-56）。如用打火机油稀释油画颜料，约 5 分钟即可将油画颜料用干净柔软的棉布、卫生纸或棉签小心地擦拭掉。要注意按雨水及风化流向擦拭，如

图 6-56　重度漬洗一般不适合飞机

图 6-57 表面污垢流向通常应与飞行方向一致

飞机模型则按气流方向擦拭，并应有意留下隐约平行的条状痕迹，模仿日积月累的冲刷效果（见图 6-57~ 图 6-60）。

除非要特意加深刻线和铆钉，否则仅经过一次渍洗，绝大部分油画颜料就会被洗掉，刻线中几乎不会有任何残留。不过经第一次渍洗后，机身变得有些脏，已经完全没有洗前艳丽、夸张的感觉。接下来用面相笔蘸一点儿颜料，利用毛细现象小心地将渍洗液渗入蒙皮刻线内。待刻线内的渍洗液彻底干透，再用溶剂洗掉外面多余的颜色，这样可确保每条刻线都非常显眼，模型有"冷艳"的感觉。这就是我们常常提及的渗线作业（见图 6-61~ 图 6-63）。

图 6-58 渍洗流痕基本顺气流方向

图 6-59 机舱内部经过渍洗，显得神采奕奕

图 6-60 该作品用色差隐约做出了蒙皮线，水冷器扫银，口盖铁搭扣附近用锈色渍洗出雨痕

注意：利用油画颜料渍洗要比用田宫油性漆洗得更旧。

需要提醒各位读者的是：模型的基本色只要选用郡仕硝基漆（俗称油性漆），就不用担心田宫 X-20 溶剂会洗掉主色。因为两者不会互相溶解，无论多么用力擦拭，其效果都只不过是去掉一点皮毛。

如若模型洗得太脏太暗，也不用担心，更无需硬擦，只需用打磨膏打磨表面，污迹很快会被去掉。此方法也可用来控制渍洗精度，甚至能做出阴影效果。

图 6-61 中规中矩的渍洗后效果

图 6-62 渍洗液黑中加褐比纯黑色显得自然

图 6-63 众多的铆钉模拟孔如果不经渍洗，效果很难体现

另外，用干净的棉布蘸上溶剂轻轻擦洗模型表面，可逐步达到所需效果。

决定渍洗效果的关键是渍洗液的浓度、晾晒（即放置等待干燥）时间、擦拭力度与渍洗次数。需着重强调的部位可局部多次渍洗。如果飞机模型基本色涂装较深，建议选用棕色或棕黑混合色的颜料。这样，渍洗色就不会被基本色"淹没"（见图 6-64、图 6-65）。

渍洗的最高原则是：少量多次、干透再洗。

最后必须提醒大家的是，在实施渍洗工序前，首先要对已完成基本涂色及贴好贴纸的模型加以足够的保护。因为任何溶剂都可能轻微溶解早已干燥的基本漆，甚至在擦拭时毁坏涂装。解决办法是：在模型表面预先喷涂一两层透明

图 6-64 对黑色表面的渍洗，可以选用灰褐色渍洗液

图 6-65 第二遍渍洗时，对浅色蒙皮部分下手要轻些

罩光漆（可视需要混入透明消光漆）。这样，原漆就不易被摩擦损坏。同样，如果模型基本色采用的是水性模型漆，那么其耐摩擦性肯定不及硝基漆，解决方法也是在渍洗前先喷一层硝基类透明光亮漆（注意：必须是硝基类）提前进行保护。

喷涂过透明罩光剂的模型能够避免洗得过脏。因为基本漆表面其实是磨砂面，渍洗液在磨砂表面沉积后很难被弄干净。

另外，煤油极可能引起某些塑料脆化，导致细小零件在渍洗过程中断裂脱落。因此这些小零件最好单独完成着色与渍洗后再粘接到位。

建议在完成渍洗做旧后，最后加喷一道半亚光透明漆，以统一飞机模型表面的色泽（见图 6-66）。

图 6-66　做旧后，加喷一道半亚光透明漆，以统一色泽

5. 掉漆效果的制作

无论飞机还是坦克，在真实使用过程中都会有不同程度的油漆剥落（掉漆）现象。将该现象适当地表现出来，是对模型进一步还原真实性的创作。

制作掉漆效果的前提是，准备做掉漆的部位的实物本身须是金属材质。因为用麻布和复合材料制造的部位，即使掉漆也不会很明显，所以不适合在模型上体现。

掉漆通常出现在常受摩擦、容易磕碰、易受气流冲刷的地方。对飞机而言，主翼与翼前缘、登机梯、螺旋桨桨叶前端、机身凸起等部位均容易出现掉漆现象。掉漆的数量和强度与模友个人喜好以及所模拟飞机的老旧程度有关（见图6-67~图6-72）。当然，也有完全拒绝做掉漆的爱好者，而这也不需要特别的理由。

掉漆效果的具体制作方法如下：

图 6-67　在设备舱门周围，不规则地点出少许掉漆后露出的铝色

图 6-68 在蒙皮线附近，不规则地点出少许掉漆后露出的铝色

图 6-69 在螺旋桨桨叶前缘，点出少许掉漆后露出的铝色

① 在模型的上色、渍洗和做旧工作结束以后，用小号面相笔蘸上模仿航空铝材的银灰色模型漆，小心翼翼地点涂需要表现掉漆效果的地方。操作要点是：

● 落笔大小不可雷同，位置不可有规律，避免造成死板和失真；

● 数量宁少勿多，逐渐添加，切不可密集。

② 可用 HB 或 2B 铅笔描画。一般适合在极细小的地方操作，如活塞式发动机汽缸细节、凸头铆钉等处。

③ 采用食盐遮盖法。制作时应先打好底漆（飞机模型底漆一般为铝银

色），待底漆彻底干燥后，再用温水化盐，然后将非常浓的盐溶液不规则地点涂在模型上，模仿掉漆。隔夜风干后喷模型基本色，待干燥后用清水洗去盐粒（化不开的盐粒可用镊子刮除）。这样就

图 6-70 用毛笔点掉漆，宁可少量，也不要过头

图 6-71 舵面在开模时就做出了麻布质感，切不可再做掉漆效果，因为它不是金属，不存在掉漆现象

图 6-72 飞行员登机时踏出的掉漆痕迹

在需要做掉漆的地方露出了飞机蒙皮的本色，形成更自然的掉漆效果。也有模友在银灰色打底漆喷好后，直接将湿粗盐粒撒在模型相应位置后再喷主漆，干燥后再用清水将盐冲洗掉（见图 6-73~图 6-75 ）。

在制作掉漆效果前，除需多查阅背景资料与实物照片外，还可通过分析推

图 6-73 食盐掉漆法第一步是敷盐粒或盐溶液

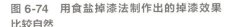

图 6-74 用食盐掉漆法制作出的掉漆效果比较自然

图 6-75 食盐掉漆法工艺的极致效果

证得出相关机型掉漆的规律。

例如,二战时期轴心国的军机由于战线长、后勤供应困难,加之战争后期资源几近枯竭,生产设施被大量摧毁,导致旧化程度普遍比同盟国的严重(尤其是日本飞机,因战况险恶,所以掉漆现象相当普遍)。

另外,由于油漆品质优劣不一,各国飞机的掉漆情况也不尽相同。意大利、日本的油漆相对更不耐久,褪色、脱落比比皆是,而前线地勤兵临时涂刷的迷彩漆磨损和脱落现象更为严重。盟军在本土机场驻扎的飞机因维护保养比野战机场好,旧化程度相对较弱;某些新型号飞机比从开战时就入役的老飞机旧化程度弱;由于气候原因,在西欧战场使用的飞机旧化程度比在北非、东南亚、太平洋战场服役的飞机弱。此外,沙漠机场上的飞机受风沙摧残,旧化尤为严重。

6. 粉彩的使用

粉彩是一种类似于粉笔的美术工具,其中尤以樱花牌的质量为佳。与粉笔不同,粉彩具有更细腻的颗粒和更多

图 6-76　用于后期做旧的粉彩棒，可用砂皮磨下粉末，再用毛笔涂抹模型

图 6-77　各种颜色的粉彩

的色彩种类可供选择。在模型制作中，粉彩一般用于表现褪色、局部泥污或烟痕等（见图 6-76、图 6-77）。

粉彩的具体使用方法有两种：

① 直接用磨尖的粉彩在模型表面画出所需痕迹，这种做法比较少用，一般不在飞机模型的制作上使用。

② 将粉彩在砂纸上研成粉末后，用毛笔或棉签按需涂扫在模型表面（见图 6-78）。

前者效果精确细致，痕迹硬；后者变化柔和，可满足不同创作要求以及较大面积的处理。

粉彩的优点是表现力强、渲染效果逼真，不易做过头。其效果是手绘、喷涂等手法不易实现的。

图 6-78　用毛笔蘸上粉彩，经过多次涂刷体现机枪后方的硝烟积炭效果

粉彩的缺点是附着力差，完成后不可触摸。后期可用透明漆罩光或消光漆喷涂加以覆盖保护，效果虽然会稍打折扣，但粉末可以得到固定和保护。

无论是民用飞机还是军用飞机，每一架都有着不同的使用状况与飞行经历，因此会呈现多种多样的旧化特征。这就给制作者提供了广阔的选材、考证、想象和创造发挥的空间。

粉彩作业是与其他做旧手段平行的另一类做旧工艺，一般建议循序渐进地操作，每次蘸粉不求多，要通过多次操作细心观察效果是否已经到位。每一架飞机都有不同的风格，而不同的模友也会做出不同的风采（见图 6-79~ 图 6-82）。

笔者曾尝试用黑灰色粉彩轻轻游走在各块蒙皮的接缝刻线上，发现居然也一样可以较好地表现蒙皮线，甚至可以部分替代依靠喷色差或渍洗所获得的效

图 6-79　可用喷漆、笔扫、笔描的方法画出枪炮烟渍、漏油、污渍等

图 6-80 活塞发动机废气管后部蒙皮有灰褐色积炭痕迹，制作时可适当干扫，并顺机翼上表面气流弯曲走向控制形状

图 6-81 该模型表面的色泽、色调、雨渍、油污、掉漆、磨损效果都做得恰如其分，分寸拿捏准确，色彩相当生动

果（见图 6-83）。而且其操作手法简单，不易出错。

粉彩的颜色不同，其用处也不同。

① 灰色色彩

灰色色彩有深浅不同的若干种，一般可用于表现轻微烟渍（如发动机尾气、枪炮硝烟等）、浅底色表面的污痕、雨水造成的顺气流痕迹、橡胶轮胎氧化等效果。

② 橘黄色彩

橘黄色彩（或锈色色彩）表现铁制零部件锈斑等。

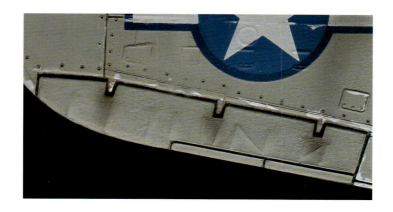

图 6-82 在副翼铁铰链的顺气流后方，适时扫出带锈色的粉彩效果，因为铰链会生锈

图 6-83 笔者试验只用粉彩渲染主蒙皮线效果，操作相对喷涂要简单得多

③ 棕色色彩

棕（土）色色彩有深浅不同的若干种，可用于模仿发动机排气管的严重锈蚀、排气烧灼痕迹、轮胎和起落架上的泥水渍、滑油散热器等外壳渗漏油污等。

④ 黑色色彩

黑色色彩一般用于表现发动机排气管喷出的气流在飞机表面留下的积炭、排弹夹孔周边或枪炮口下游在飞机表面留下的烟痕等。

7

模型的其他
特殊制作技巧

（一）蚀刻片的加工与应用

蚀刻片（Photo-Etching Parts）是利用化学腐蚀原理制作的金属薄片零件。蚀刻片的生产原理类似电路板的腐蚀加工，利用腐蚀性极强的酸性溶液蚀刻掉不需要的部分，剩下的便是所需的产品（见图7-1、图7-2）。其中，捷克牛魔王品牌的蚀刻片产品最为有名。

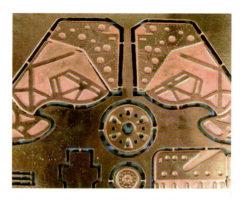

图 7-1　强化起落架舱盖内侧细节的蚀刻片

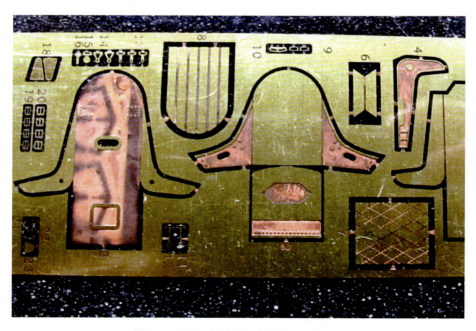

图 7-2　某型飞机模型驾驶座椅蚀刻片配件

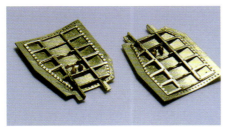 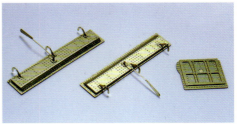

图 7-3　利用蚀刻片组合加工成的飞机减速板　图 7-4　利用蚀刻片组合加工成的飞机操纵面

　　因为蚀刻片精度与像真度极高，所以特别适合增添塑料拼装模型无法表现的细节，同时增加金属质感，从而大大提升模型的逼真度（见图7-3～图7-10）。

　　常用蚀刻片的部位有坦克杂货架、军舰围栏与天线、飞机空速管、座舱

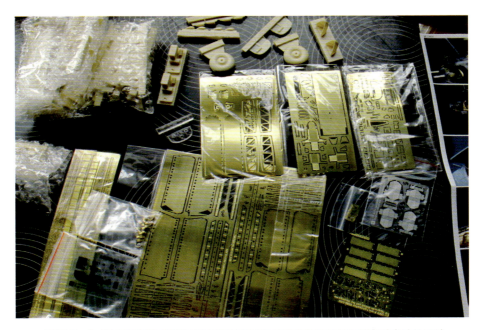

图 7-5　为"兰开斯特"轰炸机拼装模型配套提供的盒装蚀刻片和树脂件多达几百件

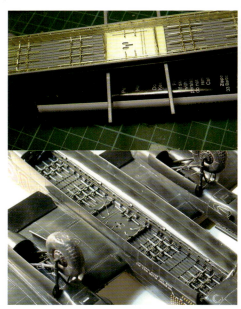

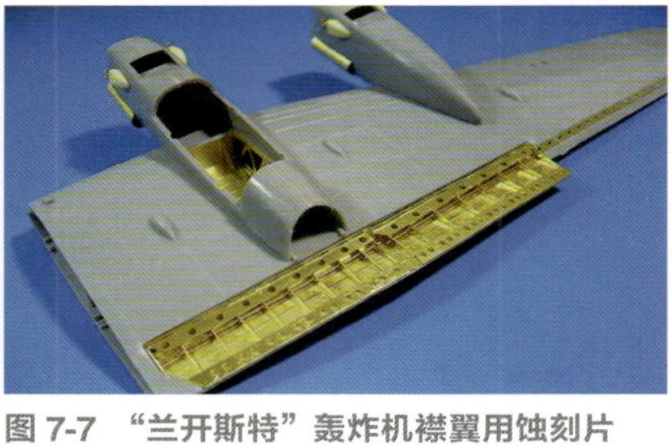

图7-7 "兰开斯特"轰炸机襟翼用蚀刻片
替换塑料零件以后细节倍增

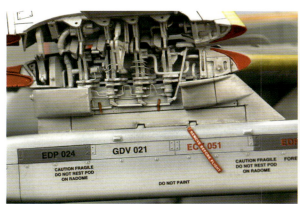

图7-6 "兰开斯特"轰炸机炸弹舱经蚀刻片
改造上色前后

图7-8 利用蚀刻片细化的座舱盖框架

图7-9 利用蚀刻片改造后的舰载机机翼折叠机构，
上色后十分逼真

图7-10 将蚀刻片安全带粘上
座椅

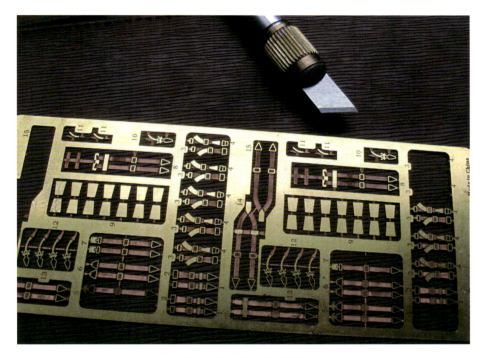

图 7-11　各型飞机模型蚀刻片安全带

设备、尾喷管鳞片、设备舱空气格栅、
轮舱内部管道撑筋等（见图 7-11～ 图
7-14）。此外，有些模型厂商开发出了
全蚀刻片拼装模型，以追求极致的逼真
效果（见图 7-15、图 7-16）。一套蚀
刻片一般只配套一种模型，尺寸比例与
相应模型完全匹配。

　　蚀刻片材质分为不锈钢与铜两种。
不锈钢产品外观亮丽，能制出相当精

**图 7-12　利用蚀刻片制作的座舱盖边框非常
逼真**

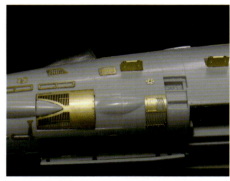

图 7-13　空气格栅和小零件，只能依靠蚀刻片加以表现

图 7-14　用金属网蚀刻片组装而成的某部件局部，几可以假乱真

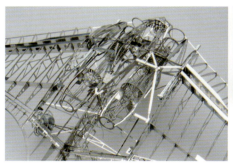

图 7-15　用纯蚀刻片做的二战时期喷气式飞机是模型领域一种全新的表现形式

图 7-16　用纯蚀刻片拼装的波音 B-40 客机更像是装饰性工艺品

致的细部线条，适合表现"超细腻"的效果，但因其硬度太高，所以在切割及加工时相对比较麻烦，且无法用一般的烙铁焊接。铜蚀刻片外观虽然没有不锈钢亮丽，但硬度低，容易加

工，且可以用普通电烙铁焊接组合（见图 7-17～图 7-19）。

　　要将蚀刻片零件从板件取下，可使用全新的锋利笔刀进行切割，同时选用材质硬度适中的板件作为垫底，以防切

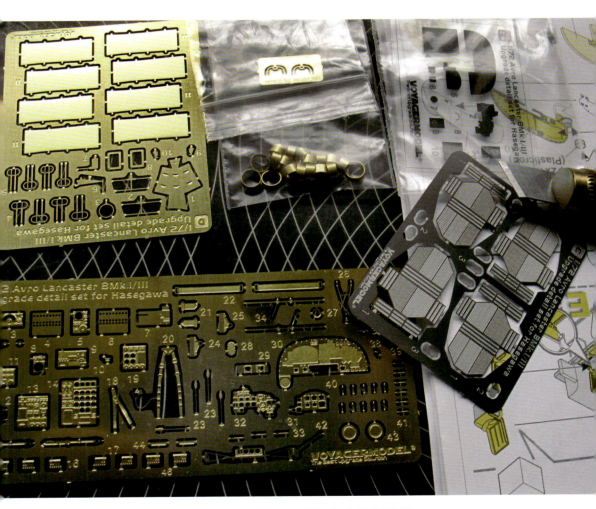

图 7-17　模型蚀刻片用黄铜或不锈钢薄板制造

图7-18 黄铜模型蚀刻片

图7-19 不锈钢模型蚀刻片

割时零件边缘发生细微卷曲。如果刀片不够锋利，则有可能在切割时伤及零件（见图7-20）。

　　与处理塑胶零件一样，切断位置不要太靠近零件本身，应至少在距离1 mm处下刀，以免损坏零件。由于蚀刻片零件普遍很小，容易在裁剪时崩飞而遗失，因此建议事先用粘纸粘住零件一角，再进行切割（见图7-21）。零件切割后残留的毛边可用笔刀小心地做二次切除，也可用蚀刻片专用剪刀或金刚锉刀小心修去。田宫出品的水砂纸硬度高，十分适合去除金属零件上的毛刺或飞边。

　　蚀刻片板件与塑料板件类似，均为

平面形态，因此有时需通过弯折、胶合（或锡焊）使其变成立体形状。资金充裕的话，可考虑购置一把蚀刻片专用钳来代替普通钢尺对蚀刻片零件进行弯折作业（见图7-22）。此外，还有一种具有不同形状齿尖的压板工具——弯折专用台钳，能方便地将蚀刻片"压"在平面上，然后再从容地对其进行加工（见图7-23～图7-25）。

　　将平面零件做成立体形状的过程是蚀刻片加工的重点。为方便制作，厂商通常会在折转部位预先蚀刻出一条浅浅的凹线，只要沿着这条凹线便能方便地折出所需的外形。弯折小零件相对简单，但必须选用钳面光滑的特殊钳子，否则

图 7-20　蚀刻片的下料与基本工具

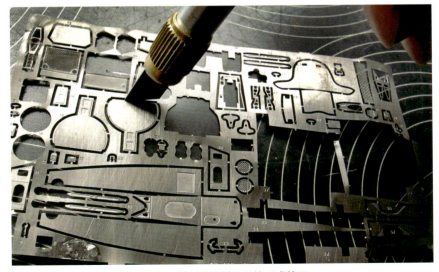

图 7-21　蚀刻片下料可用笔刀或剪刀

图 7-22　蚀刻片专用弯折钳

图 7-23　蚀刻片弯折专用台钳

钳面上的齿纹会毁掉蚀刻片零件。

　　当弯折大尺寸零件时，光靠一把小钳子就不够了，须换用夹口工整且咬合紧密的小型平嘴老虎钳。需要特别指出的是，在进行弯折动作时忌讳徒手操作，因为这样容易因力量不均匀而导致零件扭曲变形。

　　当需要将原本平整的蚀刻片做成弯曲面或管状时，应选用适当尺寸的金属圆棒。把零件铺在切割垫上，双手施力，使圆棒在零件表面来回滚动，零件就会逐渐卷曲。该操作类似用擀面杖擀面饼，滚压力度越大，次数越多，卷曲曲率就越小。另外，直径越小的金属圆棒滚压出的蚀刻片弧度越小。

　　许多组合成立体形状的蚀刻片零件，需要通过焊接定型（见图 7-26）。焊接前，应先在表面涂抹少许助焊油（如

图 7-24　利用专用台钳和刀片对蚀刻片零件进行弯折成型作业

图 7-25　另一种蚀刻片弯折专用台钳

图 7-26 焊接后形成的蚀刻片立体组件

松香），增加焊锡和金属间的焊接强度，以得到良好的外观。焊接时要注意预先加热被焊物（蚀刻片本身），可先用烙铁头对蚀刻片零件施压加热，然后再将焊锡靠上焊接处，使焊锡因蚀刻片自身热量而熔化，这样才能焊出更加牢固、美观的作品。

将蚀刻片或二次加工后的蚀刻件粘上飞机模型时，可使用黏性极高的 502 瞬干胶或其他快干胶。一般情况下只要具备粘接金属功能的胶水都可。高手习惯了 502 胶，效果也可以做得很好。但 502 胶流动性太强，易沾手，固化时间不好掌握。如果改用啫喱胶则可较好掌控。啫喱胶品种较多，其中乐泰和 Masterbond 品牌的比较好用。用 CA 胶水粘蚀刻片，效果也不错，其瓶罐上的按钮可以控制出胶量，一般不宜

挤多，最好使用专用细管以精确控制流量。还有模友喜欢用安特固胶水，它呈果冻状，不易流动，容易控制用量，且可提供在点胶后做进一步调整的时间，也不会因溢出而污染零件表面。此外建议：将蚀刻片用少量点胶初步固定好位置后，可在胶合面的缝隙中再点上少许高流动性快干胶，以进一步增强零件之间的胶合强度。

至于过于细小的蚀刻片零件，一般镊子抓不住，可以用牙签头蘸一点眼药膏或清凉油粘住零件后提起，再对准位置进行粘接。该过程讲究稳、准，效果不错。胶水干透后须抹去油脂，以免影响上色。

为确保漆色在金属表面的附着效果，必须在金属蚀刻零件表面预先喷一层金属零件专用的打底漆（如 Mr Metal Primer）。

有商家利用蚀刻片极小的厚度、良好的强度以及锐利的边缘，开发出一些副产品。比如带细小齿尖的蚀刻片锯，可锯细缝、开细槽或进行一般的切割作业，或利用被镂空的空隙将其用作漏喷字符与图案时的精密样板（见图 7-27～图 7-29）。

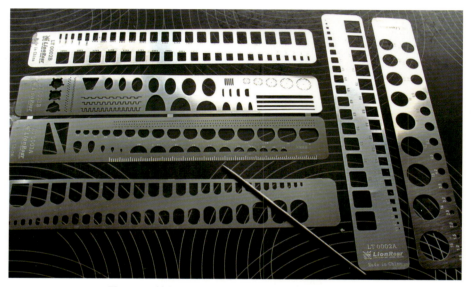

图 7-27　蚀刻片的另一个用途是提供各种刻线靠模板

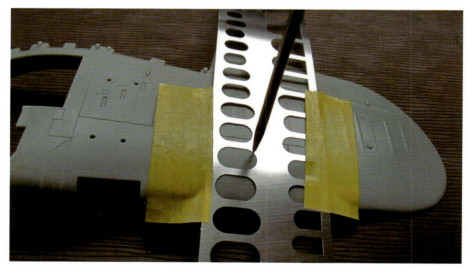

图 7-28　将蚀刻片贴紧模型表面，可刻出工整的线形来

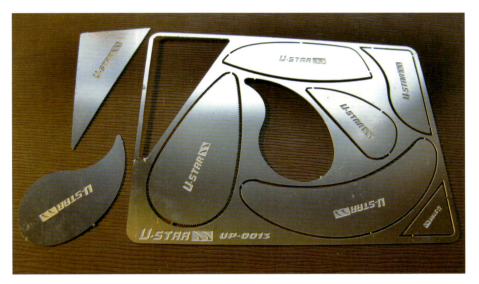

图 7-29 蚀刻片做的锯子薄且锋利，刃口曲直各异，适合不同形状模型的刻线或切割开槽作业

（二）金属和树脂补品的加工与用途

为尽可能提高模型的逼真程度，厂商还开发了纯金属和树脂铸造件补品。

在拼装模型时，有些需要进一步提高零件的精度，用单片蚀刻片很难再次加工成型，于是就有了直接通过精密铸造或金属切割加工成型的补品，较常见的有坦克模型的炮管、飞机模型的起落架立柱等圆柱形零件。它们的细节和边缘锐度都明显优于普通塑料板件。

天然树脂无论数量还是质量都不能满足生产需要，因此在实际生产中所用的都是合成树脂。合成树脂是按照天然树脂的分子结构和特性，通过人工方法制造而成的。因为它是由相对分子质量小的物质通过聚合反应生成的分子质量大的物质，所以又称为高分子聚合物。模型的树脂件补品呈浅棕黄色，硬度远高于塑料，故工艺性较差（见图 7-30、图 7-31）。

图 7-30　树脂件一次开模的产量不高

图 7-31　树脂件的软模和翻模生产

　　模型中的树脂件补品大多需要模友另行订购。近来也有个别厂商很人性化，在套材中加入几件树脂件作为补充。

　　飞机模型中的树脂件往往可以整体替换原塑料板件中相应的零件，如战斗机座舱内的操作台、仪表盘、座椅、整个起落架收纳舱（内构）、橡胶轮胎、雷达罩等，以及其他无法用塑料完美体现，需进一步提升观赏性、加强表现力、增加和还原实物细节的一类零部件（见图 7-32、图 7-33）。针对罕见的飞机型号，个别商家也会利用手工翻模，生产全部用树脂件组成的套材，虽价格不菲，但可满足特殊群体的需求（见图 7-34~ 图 7-42）。

　　树脂件和塑料模型的材质完全不同，前者材质更加厚实。其价格高昂是因为树脂件制作时要先由高手雕刻好本体，然后再人工翻模；而翻模也只能用树脂材料，不像塑料模型那样可以专门开发出钢模，然后利用注塑机投入大批量生产。另外，人工模具的寿命远不及钢模，一个模具通常只能生产二三十套产品。

　　制作树脂零件通常使用软性模具。树脂材料液态时流动性强，因此细节表现力好，与塑料注塑相比，树脂材料对细节的限制少很多。另外，在零件达到一定厚度的情况下，缩水也比塑料板件小。

图 7-32 树脂补品因精度高、细节丰富，常用于替代相对应的模型塑料零件

生产树脂件时，通常会在模具上喷少许硅油，以延长模具寿命并方便脱模，因此生产出的零件表面或多或少会附着一些油迹。这种油迹会影响喷漆效果，故需要用洗洁精或小苏打液浸泡、清洗。

树脂零件均有注料口（又称浇冒口）和分模线，这种多余部位要全部去除。较大的注料口可用模型锯锯断，甚至需动用圆盘砂轮机进行切除。而小的冒口则可用普通模型剪去除。因树脂强度高，

图 7-33 配套出售的树脂改造组件

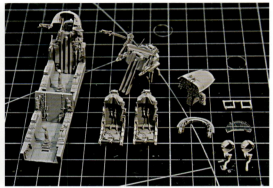

图 7-34　配套出售的某型飞机舱内设施的树脂改造件

图 7-35　指定飞机型号的大套树脂补品全面替代了原塑料板件中与座舱有关的所有零件

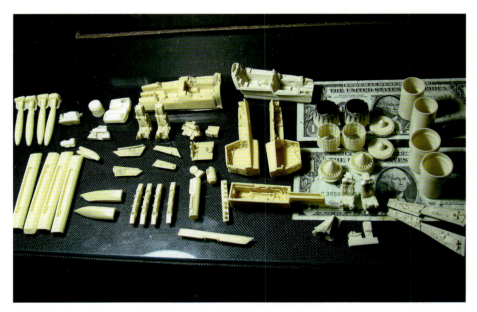

图 7-36　为某型模型提供的全套树脂件，价格不菲

图 7-37 利用树脂件添加的运输机机舱设备和轻便座椅 (黄色部分)

图 7-38 利用树脂件添加的轰炸机驾驶舱设备 (黄色部分)

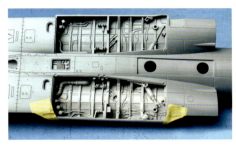

图 7-39 同样是主起落架舱，树脂件改造后 (下) 的精准度和细节表现力远优于原塑料套材 (上)

图 7-40 用有色金属精密铸造的起落架柱比塑料零件精密

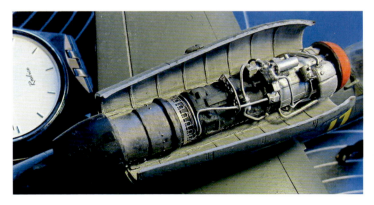

图 7-41 个别模型厂商在套材中附送了许多金属小零件，可大大提升模型逼真度

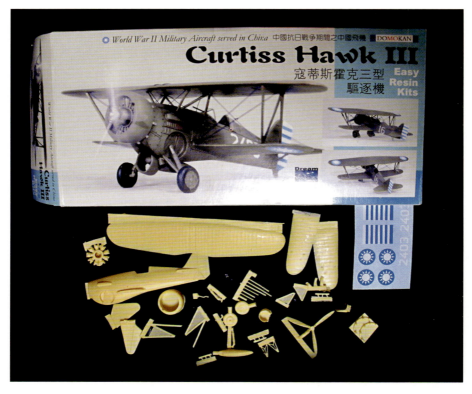

图 7-42　小批量销售的个别型号飞机模型会采用全树脂材料

故最好选用材质坚硬的模型剪，不然会损坏刃口。

　　用模型锯或模型剪去除注料口时，要控制好下手的位置。与从塑料板件剪下零件一样，剪切注料口时也要与其根部保留一定距离，以方便后期使用锉刀、水砂纸进一步去毛。如果齐刷刷地剪到

注料口根部，即便是 PU 类树脂，有时也会导致零件局部崩裂。打磨要领与塑料模型类似，但由于树脂件的注料口废料比塑料模型多，因此需花费更多的时间与精力去除。为减轻工作量，建议适当使用电动磨具（见图 7-43）。有些模型厂家提供了去掉注料口的零件，这对

模型制作者来说就省力多了。

树脂件偶尔会存在少许气泡及眼泪状凸起物，这并不是质量问题而是树脂产品的通病，只要花工夫进行修整或填补，就能顺利恢复外观。小的凹洞一般使用普通模型补土即可。大的气泡，特别对于已挖破的大气泡，建议使用A+B环氧补土。使用时切取等量的A、B成分，经充分糅合后，利用压板工具将环氧补土紧密地填入凹洞中。因为环氧补土收缩率低，干燥后硬度极高，所以为减少打磨工作量，填补时不必像一般塑料模型补土那样填高一些，只要与模型表面大致齐平即可。

同样，许多树脂零件存在着夸张的分模线，均需小心去除。分模线通常位于棱线上，只要用笔刀沿平面切（刮）除多余毛边，然后用砂纸反复打磨平整即可。

由于树脂粉尘吸入体内容易中毒，因此最好选用水磨砂纸进行打磨。推荐选用田宫的砂纸，而且号数最好为

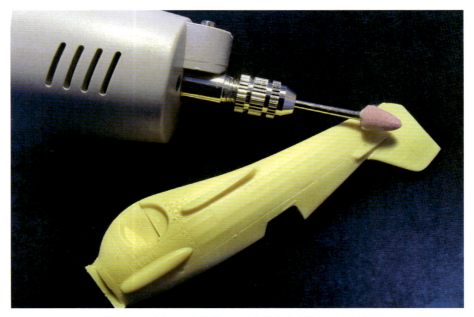

图 7-43　树脂零件偏硬，可用电动小磨头进行初步打磨

400 号与 1000 号各一种。舰船模型推荐使用 1000 号，飞机模型使用 800 号，坦克模型使用 500 号。五金店里的水磨砂纸不好用，不建议购买。

最后，同塑料模型一样，树脂件上的一些细部构造也可以自制或改造，如把手、管路、配线等。

如果要将打磨好的树脂件粘上塑料模型本体，可用 502、安特固等速干胶。而有条件的话最好选用田宫出品的专用模型胶水或郡仕出品的蓝盖树脂专用溜缝胶。

（三）透明件的加工特点

拼装模型上的透明件多指飞机舷窗、座舱盖或观察窗，也有因工艺或装配要求成为机体的某个结构部件（见图 7-44）。透明件通常随模型套装一起提供给买家（见图 7-45）。

模型透明件的材质非常脆，表面极易刮花，处理时需要格外细心。

首先要注意保护其表面光洁度，为避免在加工过程中刮花，可临时贴上遮盖纸进行保护性隔离。

图 7-44　透明件不仅用于玻璃窗，有时还是机体的某个结构部件

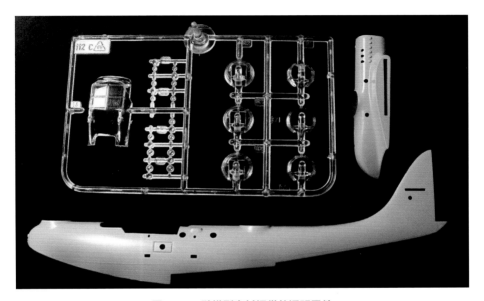

图 7-45　随模型套材提供的透明零件

　　将透明件从流道上截取下来时，可用专业模型剪钳，若连接冒口过短，也可直接用锋利的笔刀或蚀刻锯片切下，但应尽量留出一段冒口。因为如果剪钳笔刀的刀口太靠近零件本身，所产生的扭力很可能会在原本完好的零件边缘留下难以修复的爆裂痕迹甚至缺口，所以宁可留出多余的冒口，分几次逐步切短，最后再利用小细锉和砂纸磨平。

　　极个别透明件因脱模原因，需后期将左右两件拼合为一体，这就要进行胶合与必要的打磨（如 Ω 形断面的先进

战斗机座舱盖）。

　　战斗机座舱盖的上色一般不与机身同时进行，而是在单独上色后再另行胶上机身（当然也可以粘到机身上一起进行打磨，然后一起喷漆）。在对战斗机座舱盖喷漆（或涂漆）之前，通常先要对它进行细致的遮盖作业，也就是利用经过裁剪的遮盖纸以小块形式一点一点沿着座舱盖框架线粘在"不希望上色的那部分表面"上，经过喷涂、晾干后用刀尖小心挑开遮盖纸，并将其一片片撕下。此时，一个边界清晰的座舱盖就会

呈现在眼前（可参考第五部分）。

许多模友都很享受这一刻，把它称作是"做模型最愉悦的一瞬间"。

由于座舱盖玻璃曲率通常比较复杂，因此采用"多片、小块"的遮盖原则，是避免出现"漏风"的好办法。此事万万急不得，因为遮盖纸一旦没有完全与玻璃件紧密贴合，漆雾就有可能弥散进去，那时再想弥补修复将会很困难。

考虑到飞机内外的漆色完全不同，更考究的做法是同时对座舱盖内部一侧的框架也进行上色（一般适合于大比例模型），这就需要进行内侧的遮盖作业。因为比较容易误操作，所以建议内侧一面的上色直接采用手涂（笔涂）。这样不仅可避免漏色的隐患，并且即使手涂略有不匀也不易被察觉。经过正反两面的上色，模型的逼真度又会有所提升。

当座舱盖直接粘上机身背部时，由于玻璃件有厚度，因此内部的反射光会造成基底附近的闪光，解决办法是在透明件下表面（下端面）预先涂上黑漆或与机身外部一致的颜色（见图7-46）。

透明件涂胶的原则是宁少勿多，因为一旦污染就很难消除。另外，将透明件安装到机身上后，座舱内部通常处于封闭状态，胶水挥发出的气体会在玻璃

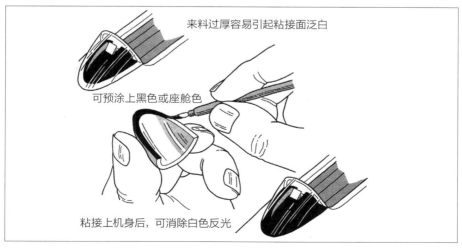

来料过厚容易引起粘接面泛白

可预涂上黑色或座舱色

粘接上机身后，可消除白色反光

图7-46　透明座舱盖厚度过大时消除基底白色反光的办法

内表面上积一层白雾，而且无法抹去，造成严重缺陷。因此建议选用不起雾的胶水，较方便的办法是使用（木工）白胶。虽然白胶的黏结强度很一般，但应付不怎么受力的透明件足够。白胶的另一个好处是干燥后会变得无色透明，很适合透明件安装的需求。

此外，农机黏胶也不起雾，且容易在建材五金店买到。先用牙签挑一点点薄薄地涂在透明件结合处，然后慢慢调整位置，溢出部分可用棉签擦除。这样做还可额外得到补土的补缝效果。农机黏胶完全硬化需约 10 小时，黏结牢固程度比白胶更好（见图 7-47）。

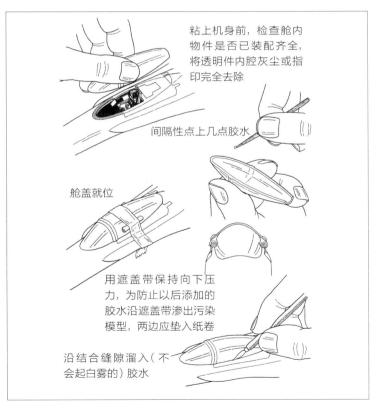

粘上机身前，检查舱内物件是否已装配齐全，将透明件内腔灰尘或指印完全去除

间隔性点上几点胶水

舱盖就位

用遮盖带保持向下压力，为防止以后添加的胶水沿遮盖带渗出污染模型，两边应垫入纸卷

沿结合缝隙溜入（不会起白雾的）胶水

图 7-47　透明座舱盖的常规粘接顺序

至于飞机（如客机、运输机、巡逻机和轰炸机）主机舱侧壁上的两排舷窗，其安装和遮盖比较复杂，且因机型而异，需要灵活考虑，分别对待。舷窗透明件有单独提供的，也有成排提供的，通常要从机身内部装入，也需将胶水涂在机身内壁或窗框上。因为后期要从外部对一扇扇窗户进行个别遮盖以满足全机喷漆的需求，稍微用力就有可能将玻璃片重新压进机舱，无法补救，所以建议在机身内壁不影响观瞻的地方加一点强力

胶以防脱落。

有的模友索性在安装成排舷窗的机身侧面先锯出一个长长的矩形空洞，再直接找一片长矩形有机玻璃镶嵌在这个空槽内。而窗户的透明部分则事先用一片片遮盖纸遮好，并将镶嵌缝隙粘死后，填入补土打磨至平整。待模型整体喷好漆以后，揭去纸片，整排的舷窗即可清晰呈现（见图7-48）。

一般透明件不需要特别打磨，除非表面被擦花。如果非得打磨，可以先用

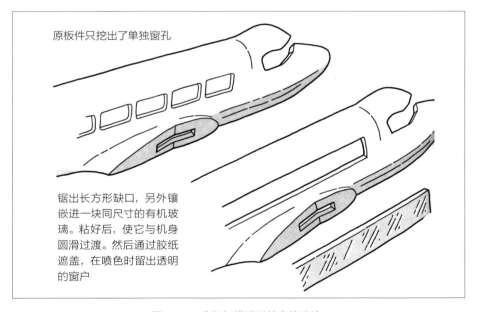

原板件只挖出了单独窗孔

锯出长方形缺口，另外镶嵌进一块同尺寸的有机玻璃。粘好后，使它与机身圆滑过渡。然后通过胶纸遮盖，在喷色时留出透明的窗户

图7-48 客机长排透明舷窗的改造

图 7-49　最后阶段，用家具光亮剂轻擦透明件表面，使模型熠熠生辉

普通牙膏蘸上湿巾纸进行打磨，牙膏虽然可抵 1200 ~ 1500 号的模型专门打磨膏，但没有打磨膏所具备的上蜡作用，因此打磨后的透明件会显得暗淡。比较考究的方法是：先用牙膏，再用打磨膏（如 modeler's compound 2000）进行细磨，然后用麂皮或树脂眼镜专用镜布抛光。

最后，轻轻抹一层液态碧丽珠之类的家具上光蜡，玻璃件便会变得格外晶莹剔透（见图 7-49）。

（四）仪表盘和机舱内构的像真加工

因为座舱盖往往呈打开状，所以拼装飞机模型的主要看点集中在座舱内部设备的还原程度上。因此不论是模型开发商还是模友，都会将其视为展示工艺水准的聚焦点。笔者认为：做好、做细模型的座舱内构，能够起到画龙点睛的作用。

座舱内部设备一般包括飞行座椅

图 7-50　利用蚀刻片细化的座舱仪表盘和皮托管

图 7-51　利用蚀刻片改造过的战斗机座舱和座舱盖边框

（含安全带、金属锁扣）、仪表盘、脚蹬、头靠、驾驶杆以及左右侧壁上的开关箱（含大量手柄、拨盘），其中主攻方向依

然是仪表盘（见图 7-50、图 7-51）。过去没有蚀刻片，仪表只能靠水贴体现；后来有了蚀刻片，就可以做出仪表之间凹凸有致的轮廓，同时整个仪表盘周边的各种细节也随之丰富起来。在大比例模型中，甚至配套提供了 2 层以上的仪表盘板件，使叠加后仪表盘的立体感倍增（见图 7-52）。不过，每个圆形机电式仪表的表面和指针一般只能依靠精细的水贴纸表现。对于林林总总的开关手柄，则需要用细毛笔点上红色、橘黄色或黑色，但切忌颜色鲜艳唐突，否则就会失真。大比例模型容易做得精细，有人喜欢将 502 胶

图 7-52　这种双层蚀刻片立体感极好，可直接勾勒出每个仪表的形状

饱和地滴在一个个机电式仪表的圆框内，干燥后会呈现玻璃质感，效果很好（见图7-53~图7-57）。

单独出品的树脂件模型座舱内构，把整个座舱内部的设备分为几大块，

且铸造十分细腻精准，比塑料板件要出彩很多。

座椅本身也可以用蚀刻片折叠与焊接成为立体组合件。但有人嫌它的结构厚度过小而失真。至于座椅上的

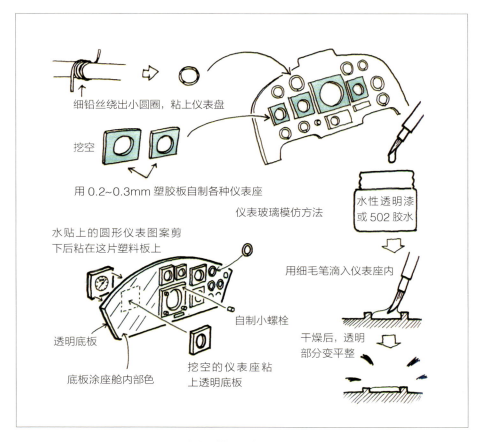

细铅丝绕出小圆圈，粘上仪表盘

挖空

用 0.2~0.3mm 塑胶板自制各种仪表座

仪表玻璃模仿方法

水贴上的圆形仪表图案剪下后粘在这片塑料板上

透明底板

底板涂座舱内部色

自制小螺栓

挖空的仪表座粘上透明底板

水性透明漆或 502 胶水

用细毛笔滴入仪表座内

干燥后，透明部分变平整

图 7-53　大比例模型仪表盘的精细改造方法

图 7-54   大比例模型的仪表盘索性用带厚度的零件做出立体感

图 7-55   座舱内部设备需要分别涂色

图 7-56   大比例"喷火"战斗机模型的仪表盘得到了最大程度的再现

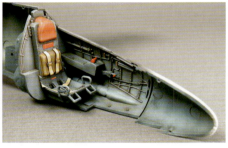

图 7-57   座舱内构基本通过手涂着色，需要制作者同时掌握航空知识和美工技巧

安全带，一般配备 2~4 根。可以用柔软的遮盖纸裁成 1~3 mm 宽的带子，其上的金属搭扣和锁头可买专门的蚀刻片配上去，同样能做得非常逼真。当然也有直接采用蚀刻件提供的安全带零件，将它进行适当的弯折，做出帆布安全带自然放置的形态（见图 7-58~ 图 7-60 ）。

图 7-58   利用蚀刻片全面替代战斗机座舱的套材塑料件

图7-59 利用蚀刻片改造过的战斗机座椅

图7-60 座椅安全带亦可用遮盖带加 0.2 mm铜丝以及蚀刻片边角料自制

现代军机所谓的"玻璃座舱"采用彩色液晶综合显示屏，爱好者可利用薄的透明塑料片涂上淡绿淡蓝的透明漆予以表现。大比例的模型可利用打印技术自制显示屏上的刻度（见图7-61）。

模型自带的平视显示仪零件的加工往往较粗糙，模友们可以发挥自己的手艺，按照参考图用明胶片、有机玻璃或塑料块自行制作。

表现模型细节的其他看点一般集中在起落架和起落架舱内部、喷气式飞机的发动机尾喷管等部位。

起落架本体可通过考证照片利用细金属线或其他材料自制液压管线、着陆灯等小细节。起落架舱内构也可以添加许多好看的细部结构，如自制的管道、电缆、辅机和气瓶等。当然，有条件的

图7-61 飞机仪表已从机电式向液晶综合显示屏"玻璃座舱"演变

图 7-62　位于腹部的起落架舱同样需要做细

话也可直接利用蚀刻片或现成的树脂件进行全盘细化作业（见图 7-62）。

　　如今已开发出越来越精细的喷气发动机尾喷管蚀刻片套装件，它们都是按

发动机具体型号制作的，其细致程度几乎到了无以复加的地步。通过卷曲、焊接、套圈等工序，即可成型（见图 7-63）。但要记得先喷一道金属件打底漆，才能使后续的上色工作顺利进行。

　　与坦克、舰船模型一样，飞机模型表面的许多细小零件，不通过蚀刻片一般无法展现。具体如皮托管、设备舱的冷却空气通气格栅孔、刀状天线、舱门外侧板、导弹与火箭的弹翼、翼间支架或（扁铁形截面）张线、襟翼收放导轨及整流罩、襟翼、折叠机翼的铰链机构、减速板内外壁板等，这些采用塑料注塑件通常都无法做出更多细节（见图 7-64）。

图 7-63　蚀刻片经过卷曲、焊接后做出的喷气发动机尾喷管，细节非常丰富

图 7-64　塑料件无法做出的细节在蚀刻片上都得到了体现

（五）张线的加工方法

与舰船模型上复杂的天线缆绳系统相类似，老式飞机的拼装模型也要求加工和安装那个时代特有的翼间支柱和张线。很难想象，一架完工的老式飞机模型，如果缺少翼间支柱和张线，将是多么的不伦不类！

翼间支柱和张线是 20 世纪 40 年代之前大多数飞机为维持机翼、尾翼、以及它们与机身之间的结构强度和刚度

图 7-65　20 世纪 40 年代之前大多数飞机所具备的 N 形翼间支柱和复杂的钢条张线结构

而特意设置的一种轻便、有效的承力结构（见图 7-65~ 图 7-69）。

图 7-66　20 世纪 30 年代 P-12 战斗机实物上的张线与支柱末端安装细节

图 7-67　P-12 战斗机实物上的张线与机身连接点细节

图 7-68　P-12 战斗机实物上张线交叉处的"短杆"细节

图 7-69　国产运 5 飞机的支架和张线与翼根的连接图

张线对于模型而言，会因特别纤细尤其是难以"立脚生根"而令模友感到头痛，以至于一时无法下手。加上需要特别细心地操作和耗费较多的加工时间，因此导致有些模友放弃制作（见图 7-70~ 图 7-75）。

对于小比例的老式飞机模型，张线可以省略不做。但中、大比例模型（一般指 1/48 及以上比例）就必须加以考虑。

真飞机上的支柱一般采用中空结构，横断面采用与气流方向一致的流线形。因为模型套材里都会配备这个零件，所以安装上不存在什么困难。通常在模型的总装程序中，根据不同机型的翼一

图 7-70　张线安装"丝丝入扣"，需要事先弄清脉络走向和操作顺序，且费工费时

图 7-71 将张线逐根抽紧、打结和固定，绝对是个细致活儿，需要毅力和耐心

图 7-72 作为极端一例，这架一战水机模型的张线安装工时超过30小时

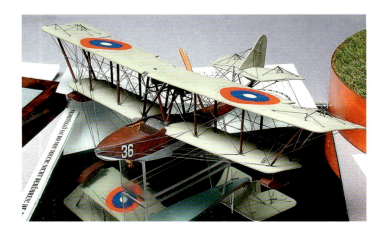

图 7-73　做"老爷飞机"模型，安装张线和支柱是一件考验人意志与耐力的累活儿

图 7-74　张线安装方式决定了模型的组合顺序，需要预先筹划好合理的工序

图 7-75　为方便张线安装，甚至需打乱常规的模型组装工序

身位置关系和气动布局，采用完全不同的加工步骤。有些需要预先在机身背部和下层机翼的上表面装好，然后才覆盖上层机翼；有的需要先将上下层机翼一起粘上机身，然后再将支柱巧妙地塞进两层翼面之间；而某些套材只提供单根的支柱条，需要制作者在两层机翼之间进行复杂的搭接（翼间支柱大多呈 N 或 W 形造型）。

下面就来介绍张线的制作与安装。

真实飞机的张线大多采用材质坚韧的钢条、钢索制造，而且截面绝大多数呈圆形或椭圆形（极少有扁铁形截面）。张线的直径一般在 5~10 mm 之间。

因此，对于 1/48 比例的模型，模拟张线的替代品直径应控制在 0.1~0.2 mm 之间；1/32 的张线替代品直径应控制在 0.15~0.25 mm 之间。粗细具体选择多大，其实还是要凭感觉。做模型虽然讲究严谨、追求逼真，但在意识感觉上却不必过分刻板僵化。

对模型来说，完全可以用直径近似的线类材料来模仿张线。过去木头实体像真飞机模型上使用人的头发、蚕丝线、棉线、漆包线甚至不锈钢丝。塑料拼装模型出现后，一般采用丝线、塑料流道加热后自制的拉丝、漆包线、不锈钢丝和钓鱼（尼龙）丝做张线（见图 7-76~ 图 7-80 ）。

图 7-76　现在张线一般采用细尼龙丝材料

图 7-77　张线过去用头发丝制作，但直径受到局限（图为笔者最后一架木头实体飞机模型 F11C-2，就采用头发做张线）

图 7-78　张线用金属丝制作比较挺括，但粘接不容易

不同材料有各自的优缺点，具体体现在强度、可调整性、气温与湿度对几何形状的影响程度、表面像真度、粘接难易度、直径的可匹配度以及保存时间的耐久度等方面。

头发丝易取、直径统一却过于单一（平均为 0.07 mm，只适合 1/72 以下的小比例模型），且表面像真度、粘接难易度一般，耐久性差，时间一长易发生折断，对气温与湿度的敏感度太大，容易下垂。

蚕丝线或棉线粘接容易、保存时间久，气温与湿度对几何形状的影响不明显（因有良好弹性），可惜表面像真度太差，需要先涂胶以求隐去无数毛头。在连接方法上，一般采用先围绕柱脚绕一二圈，再点胶，待干燥后截去多余线头的做法。

漆包线与不锈钢丝无任何可调整度，容易形成笔直好看的线形，表面像真度最佳，耐久度也好，对气温与湿度不敏感，粘接时必须用高强度瞬干胶，直径可选性最佳。但这两种材料工艺性不太好，抽拉过紧可能损害模型结构，往往采用围绕柱脚绕一二圈再点胶截去多余线头的做法。另外，对一般人而言，

图 7-79　用等同粗细流道拉丝做的张线

取材或许不太方便。

不少人爱用多余塑料流道加热后自制的拉丝做张线。拉丝最容易与塑料模型本体粘接住，装配与裁剪控制长度最方便，对气温与湿度不敏感，强度与表面像真度一般，直径的匹配度全靠拉丝过程中自行掌握。其材料来源无限。最大的缺点是想要获得一批直径大致相同的线材，很难。

目前采用最多的是钓鱼用尼龙丝。它的强度、弹性、尺寸可调整度，粘接的难易度、对直径的匹配度以及保存年月的耐久度均可。气温、湿度对其几何形状的影响程度和表面像真度一般（反正都需要上色）。其最大的优点是各种

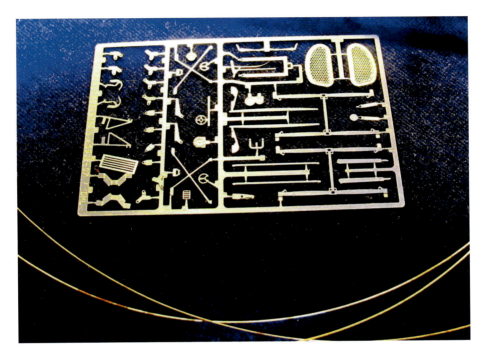

图 7-80 也有在模型套件中同时提供蚀刻片支柱和张线的，可惜横截面不够像真

直径的尼龙丝都可以买到，方便比例上的匹配。

也有大比例模型在套材里直接提供了全套的金属张线——实际上是一根根细小的不锈钢条状片，而且长度已精确裁好，只需在相应位置粘上两端即可。可惜此种张线不够逼真，只适用模拟实际中极少见的扁铁形张线。

安装张线是个相当烦琐的过程，需要极大的耐心与细心。其安装难度在整个模型制作中高居首位，以至于令个别模友望而却步！

要给出通用的张线安装程序与合理工艺是不现实的，因为不同的飞机型号有不同的结构布局，每个人又有不同的加工经验和加工习惯、采用张线材质也不同，这些都直接决定了制作方案的差异。但在操作上大致离不开以下几大法则。

1. 绕柱法

绕柱法就是在机身、机翼和支柱全都安装粘接就位以后，拿起张线的一端，于某个图纸规定的（起始）固定点，沿着那个支柱的脚根绕上一二圈，点上强力瞬干胶。待干固后，把线重新拉直，将其另一末端引向图纸规定的另外一个固定点（通常也处于某个支柱的脚根），同样绕上几圈，然后点胶加以固定。待其彻底干固，用刀去除多余的线头（见图7-81、图7-82）。当然，也可能有些固定点并不在支柱的根部，而是在机身的某一点，那就得另外想办法将它固定住。

图 7-81 有一种安装张线的方法是直接将线头绕在柱头上，再点瞬干胶固定好

图 7-82　起落架张线直接绕过支架基部点胶进行固定

2. 穿孔法

穿孔法是在机身壁板、机翼的某个半爿的内侧面或支柱的端头处，预先打好小孔，其孔径略大于张线直径即可。这些开孔位置就是各条张线的起点与终点，关键是怎么去固定它们。通常是按照装配顺序，提前将线的一端穿过小孔，然后在机翼或机身的内壁处打个大大的结，涂胶以后，将线头牢固地粘死在看不见的结构空间里。然后拉紧张线，将其另一端导向下一个出口（小孔），在保证绷紧并保持一定张力后，把另外一头用同样的方法粘死在看不到的另外一个狭小空间里（见图 7-83～图 7-86）。这样的工艺难度较大，但外观效果最佳，为此通常需要改变常规的总装法则：例如先不要将机翼的上下爿合拢为一体，而是等到张线在机翼夹层空间都固定好以后，才去完成上下爿的对合作业。这种迫不得已的做法需要事先琢磨和设计，因此还会影响到颜色的涂装顺序。

图 7-83　有的模型，张线早在零部件还处于毛坯状态时就已经预埋并固定在内部了

图 7-84　P-12E 模型的张线在上翼内部固定完毕
后再考虑盖上机翼的另一爿，与常规装配工艺不同

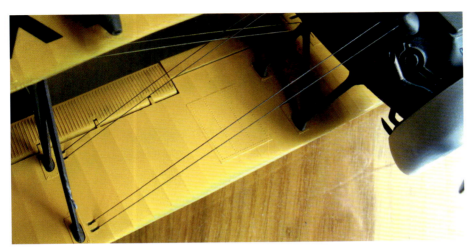

图 7-85　张线穿过预钻小孔从看不见的内腔进行固定

图 7-86　张线从小孔中贯穿，排气管被磨尖的绒线编结金属针管所替代，前机身经过了扫银处理

3. 借助索具法

借助索具法顾名思义，就是自己加工制作一些微型的用于固定张线两端的小零件（或称索具），比如用细金属丝自行加工一些长仅几毫米、一头带个小圈儿的钩子，或直接利用特制的蚀刻片索具来完成张线的固定。蚀刻片零件的一头打出 0.12~0.25 mm 的细孔，而另一头只是个几毫米长的小尾巴。它们的好处在于不管飞机气动布局如何，都无需改变常规制作程序。模友在总装以后，只需按照每根张线的起点和终点位置，在机体表面临时钻出若干个小孔，然后将索具的小尾巴埋入其中，并用瞬干胶将它固定。等胶干固后，就能从容地利用裸露在外的小孔"穿针引线"、安装张线了（见图 7-87、图 7-88）。这种工艺的好处是不用因改变总装顺序而费心；缺点是需要制作或寻觅索具，且如果模型比例较小时，索具也许会显得太夸张。

4. 综合法

综合法就是根据具体情况，在一架模型的不同部位，采用不同的固定方法。

图 7-87　小金属件索具可以作为张线的固定点

图 7-88　固定张线的带微型孔的蚀刻片索具已埋在机翼内

张线同样需要上色，但不提倡喷涂，以避免漆粉的堆积。一般用毛笔蘸漆、将笔毛插进张线，利用笔毛内部的漆液来回涂刷即可。对于金属材料，则要先涂专门的金属打底漆，避免挂不住漆。张线一般采用钢铁色，两端涂钢铁色或银色。

模型每一侧的张线从正面看呈 X 形交叉，在交叉点上一般还装有顺气流方向的一根短杆。可以用细丝材料在最后阶段小心粘上。

经过努力，一盒普普通通的塑料拼装飞机模型就有可能发生神奇的变身，成为一件惟妙惟肖的精美工艺品（见图 7-89~ 图 7-92）！

图 7-89　一架仅仅 1/32 大小的米 -24 模型，由几位高手花 15 年时间细化改造到这样的效果（局部），真是绝了！

图 7-90　补品的大量使用使塑料模型具备了奇妙的金属质感

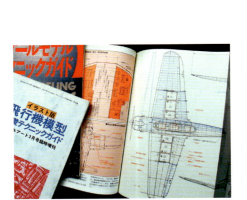

图 7-91　后期精加工和改造需要收集必要的飞机实物参考资料

图 7-92　一位手版高手用纯金属件独立拼装的大比例 F4U 战斗机超级精密模型

图 8-1　为大比例模型制作机场机库，渲染展览气氛

接下来介绍拼装飞机模型活动的开展、展示交流与比赛情况，以及模型的移动、保存保养和拍摄技巧。

（一）展示与存放

我国自20世纪80年代引进这项活动以来，经历了一段曲折的发展道路。在高潮时期很多人曾为此疯狂；而现在，则处于平稳期或所谓的低迷期。尽管如此，各地相关组织和团体，特别是地方科普与教育系统以及一大批民间模型组织和铁杆模型迷们，仍然在孜孜不倦地坚持进行这项有意义的活动，且在制作技巧和产品研发水平方面接近甚至超越了国外。作为模型制作爱好者，笔者对此感到欣慰，并相信通过模友自身的坚持以及社会的关注与支持，该活动将会持续发展并不断创新。

一些地方航空学会分会、航空馆、军体俱乐部乃至学校在开展、组织和举办拼装飞机模型活动及群众性比赛方面已形成各自的品牌效应，值得尊敬和提倡。而且以上项目还不包括各大中城市以模型商为经济依托，或以发烧友群体为架构，开展的一系列群众自发性拼装飞机模型活动。这些现象说明，在网络社会和商品经济的冲击下，拼装飞机模型活动在中国并没有消亡，而是朝着群众性科普教育和更高的制作水准与竞赛标准这两方面持续健康地发展着（见图8-1～图8-8）。

图 8-2　裁判们正在为国产大飞机的像真模型打分

图 8-3　资深模型裁判的参与，保证了拼装模型比赛的公正性和权威性

图 8-4 一些基层航空馆面向社会定期开展大型的拼装模型比赛

图 8-5　静态飞机模型制作活动的开拓和发展，离不开老专家、老航模迷的指导和关怀

拼装飞机模型的展示与存放具有特殊性，其原因有二：一是因"娇嫩脆弱"碰不得；二是属于比较精贵的艺术创作，需要悉心呵护和保养。

一般而言，拼装飞机模型适合陈列在透明、无尘、相对干燥的密闭玻璃柜中，有些柜子还配备有射灯，可以为作品营造出更加美妙的展示氛围。

图 8-6　中国航空学会长期以来积极支持地方开展拼装模型活动

图 8-7　大批量制作的像真飞机模型展示在科普教育场馆中得以展示

图 8-8　一批古典飞机像真模型用于宣传中国民航早期发展历程

玻璃柜可以自制也可以定制，横隔板建议采用透明玻璃，而且厚度要大于6 mm，以保证必要的强度。网络上也出售一些规格不一的小型玻璃展示盒，价格不菲，且只适合单架模型的保存和展示。这类展示盒同样可以按需加装照明系统（见图8-9~图8-11）。

图 8-9　老模型师家里摆放密集的模型柜

图 8-10　宽敞的玻璃专柜可用于家庭展示

图 8-11　定制模型柜

藏品数量大的模友也可采用比较经济的收纳方式，比如装箱封闭保存，或成组放置在多层的大型抽屉内（见图 8-12、图 8-13）。

飞机模型一般都做出起落架，但也有不做的，另外还有一些机型本身就不含常规起落架（如水上飞机）。这样的模型就需要制作特别的托架予以支撑。托架可同时起到展示与装饰两方面的作用，如有些托架底座上特意贴上该型飞机的铭牌，显得大气、美观，也向参观者提供了相关信息，既适合家庭装饰，也适合场馆陈列（见图 8-14）。也有的用抛物线形支架将模型高高举起，使模型有展翅翱翔、一飞冲天的视觉效果。这类支架底座

图 8-12 某模友将自己的模型密集存放在大抽屉内

图 8-13　飞机模型也可以瓶装

往往用着色木料雕制，支架则通常采用金属制造（见图8-15）。也有的托架直接利用定制镜框改造，将模型直接置于精美的框架中间，也不失为一种不错的选择。还有人将镜框底面换成仿造的草坪、航母甲板或沙漠机场维护站等迷你场景，很好地烘托了模型主题，令人浮想联翩（见图8-16~图8-21）。

图8-14 这种老式的陈列方式适合案头摆设，而为心爱的模型定制一块铭牌可使其增色不少

图8-15 利用不锈钢板做出冲天翱翔姿态的模型托架

图8-16 为模型搭配一些战斗纪念品也很有趣

图8-17 国外某古典飞机模型展将模型悬挂在天花板下供人欣赏

图8-18 有些参加竞赛的模型需要附上精密图纸，特别是对于裁判不一定熟悉的古典机型

图 8-19　飞机模型旁边加了飞行员人偶，增添了些许情趣

图 8-20　模型托板装上镜子，可以同时展现飞机腹部的精彩

图 8-21　最简单的方法是为木托板加一点环境小物件进行点缀，如沙漠和杂草

（二）移动、保养与修复

长期成批保存模型或异地搬运时，需将模型细心包装与装箱。高手介绍的一个最经济简单、也最实用的方法，就是用卷筒卫生纸，很随意地围绕着模型的左右前后，做 X 形的交叉包裹。需注意的是，包裹动作要轻并且力求蓬松，以使模型整体在移动过程中不会直接受到撞击，同时一些细微的外部小零件也不会受到直接碰撞（见图 8-22）。

模友们也喜欢将飞机模型一对一地放置在废弃纸盒（如皮鞋盒、月饼盒）中，但这样保存的关键是要在底部预先铺上海绵或柔软的纸巾团作为缓冲，而且机翼的左右端和机头、机尾两端都要用类似的材料进行塞挡，使模型在运输途中不会发生明显晃动，起到有效的保护作用（见图 8-23）。对于本身就没有粘死在模型上的零件（如滑动玻璃座舱盖、某些活动口盖等），建议取下后单独用柔软的纸巾包裹，并做好明显提示，放在机体旁边（见图 8-24）。

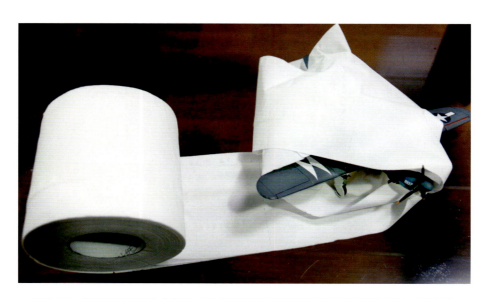

图 8-22 搬运形状复杂的小模型，可用卷筒纸交叉蓬松地包裹五六道以提供有效的保护

图 8-23　搬运模型可选择略大一些的皮鞋盒子，然后在四周塞入防止移位的泡沫塑料块

图 8-24　打包迁移模型要防止小零件被碰丢，关键是不让其发生移位和碰撞

在平时搬动或拿捏飞机模型时，要做到"下手轻、除手汗、避细节"。模友们都知道，对飞机不太了解尤其是没有做过拼装飞机模型的人，常常会在触碰模型时做出令人吓出一身冷汗的"粗暴"动作，往往一不小心，就会被蹭下一个小零件来，造成不必要的麻烦。

对于一般飞机模型而言，最合适的拿捏部位一般在主翼和尾翼之间的机身后腰两侧，如果垂直尾翼上是"干净"的，用两个手指直接捏紧这个位置最好（能够避开所有容易掉落的细小零件，见图 8-25～图 8-31）。

另外，不同型号的模型需要区别对待，不可一概而论。当然，前提是手指要干净，即无油脂和汗渍。另外模型上的水贴标志如果本来附着就不够牢靠，也要注意千万别将它们"带"下来。对于模型做旧时留下的各种效果（如烟渍、积炭、粉彩等）也要格外注意。

图 8-25　拿捏拼装飞机模型要避开容易碰伤的小零件

图 8-26　同时提捏住模型的首尾也是一种安全、正确的搬移方法

图 8-27　远距离移动模型，最稳妥的方式是托着它的底部

图 8-28　拿捏和移动一般模型，可抓住机身后腰两侧，一般比较安全

图 8-29　拿捏移动带张线的双翼机模型，最安全的方法是托着它的底部

图 8-30　拿捏移动带张线的双翼机模型，另一种安全的方法是托着它的两端翼尖

图 8-31　当模型外部细节很多时，拿着它的垂直尾翼移动最安全

模型陈列过久，表面或多或少会积灰尘，如果环境中时常弥漫着油烟，那么对其表面的伤害是致命的。建议定期用柔软的扁平毛刷轻轻刷去模型表面（主要是上表面）的浮尘，千万不可用水或其他任何洗涤液或化学液体擦拭，以免铸成不可挽回的大错（见图 8-32）。

模型（轻微）受损后应细心修复，修复工艺与制作新模型相仿，只是无法进行大面积喷涂。修复时要特别注意细节，如以前抹过胶水的黏结点，当需要再次粘接零件时，原有的胶水应该用砂纸修去，以保证胶合效果。发乌并失去光泽的玻璃件表面，用蘸有上光剂的棉花团轻轻擦拭即可恢复光亮。张线如果

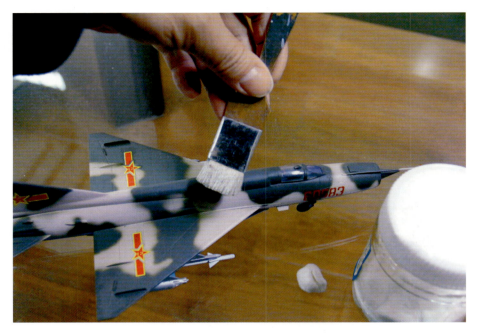

图 8-32　清洁陈年模型最好用柔软的毛刷来清洁表面，切不可用清水或其他化学类液体擦拭

断裂，必须将其卸掉，换上另一根同样材质、同样直径的线材。补色是模型修复中最麻烦的一项工作，因为很难再调出与原模型相同的色系。不同的模型材料有不同的寿命，原本光鲜夺目的模型会随着时光变迁而暗淡褪色，有些材料会发脆甚至变形。模型的寿命还受保存环境影响，一旦发生变质即不可能完全修复如初。

因此，在完成一件模型作品后，不妨用拍照的形式将其完美地记录下来，不仅方便自己平日欣赏，也方便朋友之间交流。一些地方的拼装模型大赛，甚至完全依赖于电子照片进行评比。此外，作为一名真正的模型迷，将制作过程中的主要工序和工艺甚至有趣的细节用文字和照片的形式记录下来，也有利于学习和交流。

（三）拍 摄

下面简单介绍一下如何拍摄模型成品。

首先，建议准备几张不同颜色的摄影背景纸，这种纸在大型文具商店或纸品店里很容易买到。用于模型摄影的背景纸材质必须为亚光，纸张不能有任何折痕（需用类似卷轴的方法收纳），颜色要单一、淡雅、无明显花纹或图案，推荐亚黑、浅灰、中灰、浅黄绿、浅棕黄、米色、正红等，它们与飞机模型基本色相配。请记住：浅色模型可以配浅色背景纸，也可以配深色的；而深色的模型一般只可以配较深色的背景纸，以避免发生"冲光"现象。过于花哨的色纸不适合模型摄影。模型拍摄中，最常用的是黑色与灰色系列，几乎适合任何模型；而选择白色纸则是大忌，再加上摄影光线若搭配不佳，拍摄出的模型色调将被大大压深，变成暗暗的一团。

静物摄影之所以推荐使用背景纸，是为了消除难看的"墙角地平线"。在正规的模型摄影作品中，我们看不到这根线，这是因为向上弯曲的背景纸已将放置模型的水平面与作为背景的垂直面融为一体。中间的曲面在照片里只有色调深浅的变化，没有几何线条的出现。

当下绝大多数摄影人都选择了低成本且易于后期制作的数码照相术。在镜头焦距方面，建议使用标准焦距，一来成像清晰，二来画面几乎无几何变形。此外，也可以适当使用中焦镜头，因为中焦可更好地避免画面畸变，并且容易营造前实后虚的特殊效果（即浅景深效果）。广角镜头拍摄出来的模型有种夸张的拉伸感，除非需要这种效果，一般不推荐选用（见图8-33）。

若需将模型前后都拍得清晰，就要选用小光圈，以获得大景深效果；反之选用大光圈。在体现模型成品的摄影中，取f8~f16的小光圈是最常见的。

对飞机模型而言，与拍摄真实飞机一样，前侧方向通常是最佳角度。真飞机较高大，一般人在地面大多只能做到前侧方向的仰拍。而对于模型，为更好地表现它的整体与细节，更多见的还是从前侧方向进行俯拍。当然还应从不同的角度，以不同的曝光组合拍摄同一件作品。

如果模型细节丰富，可针对不同的

部位拍摄一些局部特写。这时需要选择微距功能，而且，为了得到全部清晰的效果，小光圈是必需的。此外，模型的腹部也是应表现的地方。

一些人贪图方便，直接手持相机进行拍照，这样做是不可取的。静物摄影必须使用三脚架进行拍摄。已故摄影大师金石声老先生曾告诫我们：再

图 8-33　只要有足够自信，完全可以采用广角近距离拍摄，视觉冲击感极强

高明的摄影权威，能用三脚架还是应当使用三脚架。在支架条件下，你可以选择像素更高的低感光度和慢门进行拍摄。

布光是静物摄影的灵魂，虽然一般的模型摄影没必要过分讲究，但起码的考虑还是需要的。严谨的布光方式有很多，此处列举两例。

摄影使用的光线分人造光和自然光两种，可独立或混合使用，只要驾驭得当即可。

最简单的人造光布光方案是 2 灯 1 机 1 背景（见图 8-34）。主灯（专用摄影灯具）安排在照相机近旁；辅灯在模型一侧，略靠前一些，并居高位，亮度应比主灯弱一半。因辅灯距离模型更近，实际亮度不低，而且因辅灯居高，还会给模型打出一个漂亮的轮

图 8-34 比较经典的静物摄影布光方式

廓光（高光），增加模型的立体感（见 图 8-35）。需要注意的是，不管是哪盏 灯，光线都不允许直接对着相机镜头，

否则会伤害相机。

再考究一点的话可以安排 3 盏灯 （见图 8-36），但不外乎是主辅兼顾，

图 8-35　无地平线背景纸使模型照片很干净漂亮，光线阴影也会增加照片的立体感

光比不要一致，要打出左右前后不同的光影效果。具体拍摄与布光方法需要通过实践获得，不存在标准答案。但需要注意的是所有灯光必须统一"色温"，因其是直接影响照片冷暖感觉的主因。例如，阴天灰色天光的色温为 7 000 K，如果不校正，照片会呈偏蓝的色调；正常阳光照射下，可使用常规摄影闪光灯，色温为 5 600 K 左右，应该呈现较准确的原始色调；而使用明丝灯泡（例如老式钨丝灯泡），色温为 3 600 K 左右，如果不经过校正，应该呈温暖的橙黄色调。当然，只要你知道照明色温，现场或者后期都可以校正。

笔者比较喜欢利用自然光的漫射光源（见图 8-37）。只要利用得当，如无特殊要求，也可以拍出光影柔和的照片来。这种拍摄条件通常选择在背阴处，模型不能直接暴露在天空或直射阳光下。笔者一般利用自家阳台的一角，在矮柜上挂好背景纸，即得到一个现成的侧光光源，而一侧的阳台大窗户正好提供一片相当柔和的漫射光，照度也不低，对曝光有利（见图 8-38）。在模型另一

图 8-36　3 盏灯的布光方式，拍出的模型光线匀称

图 8-37　在阳台上利用自然侧光、人造侧顶修饰光拍摄模型

图 8-38　最简单的摄影布置是背景纸加窗外漫射光

侧，使用反光板进行补光，以压低左右光比，同时增加模型暗处的照度，有利于体现细节（见图 8-39）。当然偶尔也会用一盏小台灯替代反光板，此时要注意的只是距离、角度和色温。另外，灯位不同，光影效果会不同；色温不同，光影效果也会不同。这种拍摄方法不失为一种最经济实惠的办法。

需要指出的是，不提倡仅使用闪光灯拍摄模型，因为这样拍出来的照片会

图 8-39 完全利用自然光加反光板的景物摄影

很难看。

摄影是一门高深的艺术，这里不展开讨论，相信每位模友都会有自己独到的经验和见解。只要能拍出模型的精彩，就是高手！

在摄影过程中，还可以进一步营造模型的别样气氛，比如模仿战场、模仿飞行状态、模仿真机的现场感、模仿优秀历史战例等（见图 8-40~图 8-45）。

图 8-40 模型成品以天空为背景，可拍摄出飞行状态的照片（支撑物通过电脑后期去除）

图 8-41　只用 2 盏台灯也可以为模型拍道具照片，拍摄
时在模型后方放置道具可为模型照片增加更多历史信息

图 8-42　模型高手在拜访了解放军英雄
人物后，为歼 6 战斗机进行历史背景标志
改造，甚至自己造出一个飞行员人偶

图 8-43　以风景画为背景，模型几可以假乱真

图 8-44 可用铅笔、手表等日用品搭配，以显示模型的实际大小

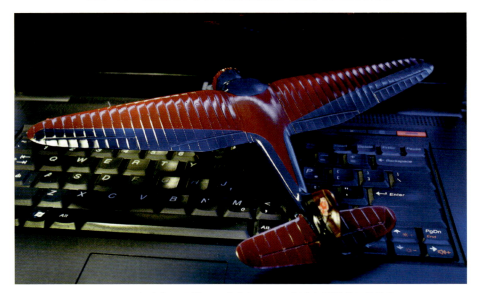

图 8-45 在晚上只需借用一盏台灯，即可营造出模型的另类情趣